身近な自然の保全生態学

生物の多様性を知る

根本正之 編著

培風館

本書の無断複写は，著作権法上での例外を除き，禁じられています。
本書を複写される場合は，その都度当社の許諾を得てください。

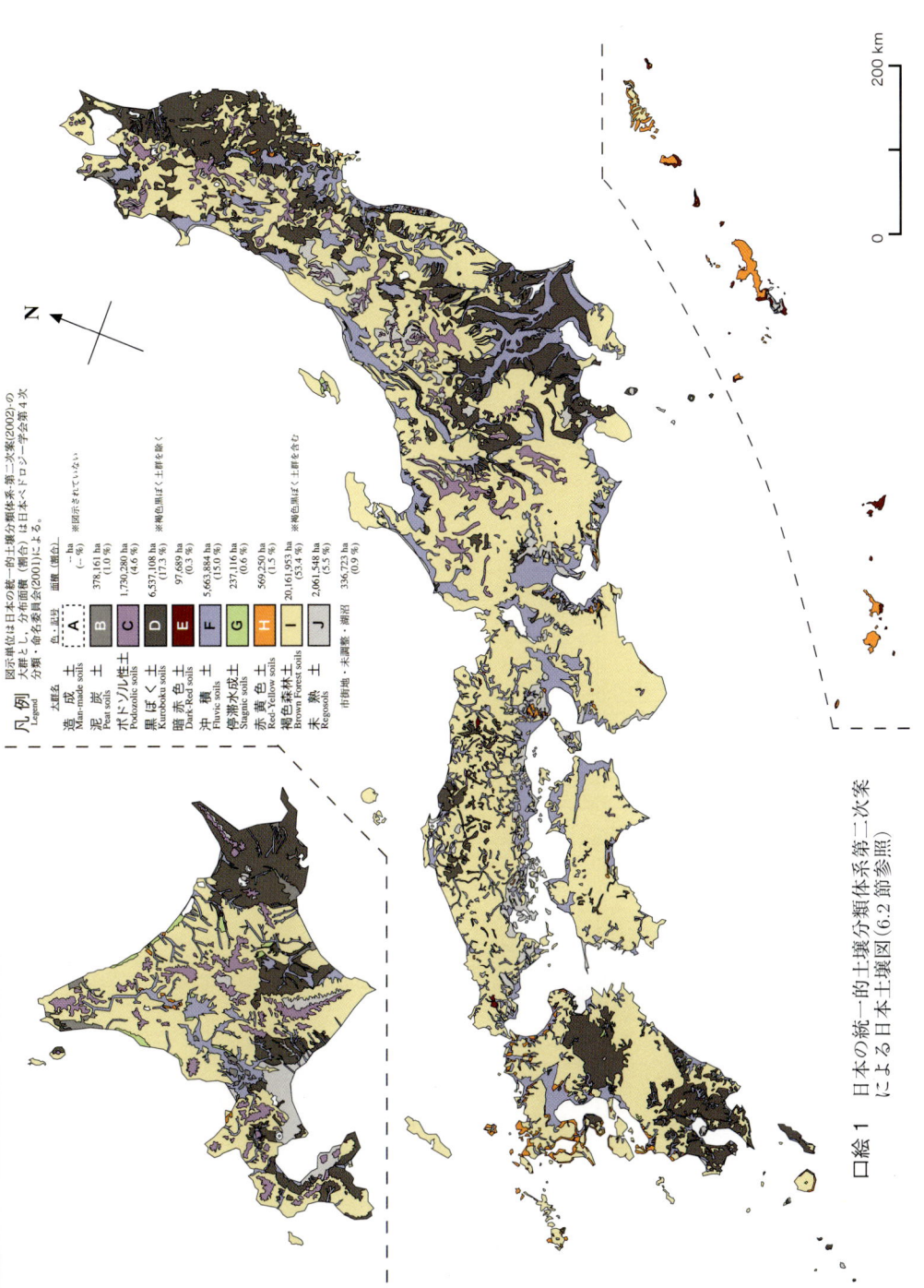

口絵1 日本の統一的土壌分類体系第二次案による日本土壌図（6.2節参照）

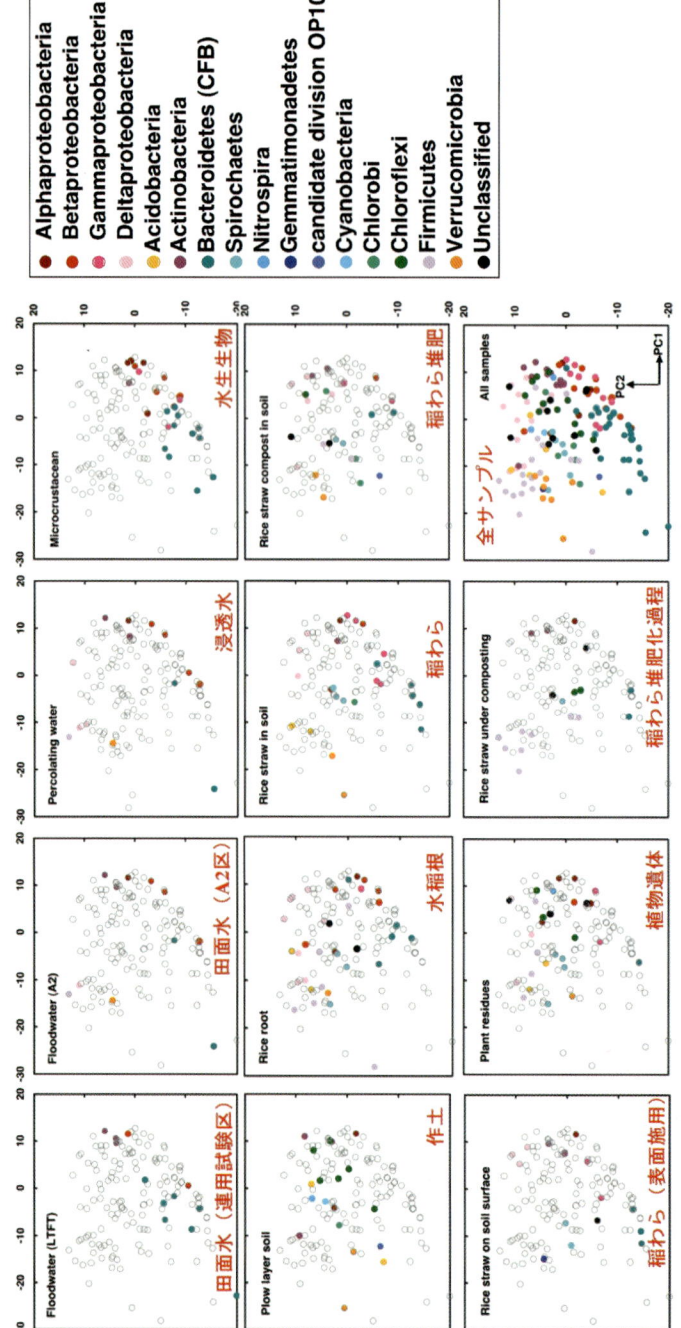

口絵 2 水田土壌各部位に生息する細菌群集の 16S rRNA 遺伝子解析による多様性(7.4 節参照)

まえがき

　大多数の日本人は1960年代まで水田と，その周辺に点在する薪炭林，竹林あるいは屋根ふき用や牛馬の飼料を得るための茅場など里山といわれる景観を身近に感じながら生活してきた。この近世からおおよそ400年かけて日本人が築きあげてきた人工と半自然の複合生態系は，今までは燃料・肥料・飼料の供給地としての機能を失っている。そして一部の地域はコンクリートやアスファルトなど無機質な人工物が主体の都市や工業地に置き換わってしまった。多くの日本人にとって昨今の身近な自然といえば都市空間を占める，わずかばかりの植生かもしれないのである。

　かつての里山でキンランやエビネとか，水田ではデンジソウやミズニラのように普通に生えていた在来植物が絶滅危惧種に指定される一方，都市の空地ではナガミヒナゲシなどの帰化植物が分布を拡大するなど，かつての里山と都市の双方で生物多様性が大きく変貌しつつある。そんななか，2008年6月に生物多様性基本法が成立したのに引き続き，2010年10月には生物多様性条約の第10回締約国会議が名古屋市で開催予定である。生物多様性の保全はCO_2削減とならび環境時代のキーワードになっており，マスコミでも頻繁に取り上げられている。この生物多様性の保全と最も深く関わっている研究分野が保全生態学である。

　保全生態学は生物多様性の保全と，健全な生態系の持続という2つの社会的な目標の実現に必要な研究を担う新しい生態学であり，その目的の1つである生物多様性の保全について教育の現場や広く一般市民までが関心をもつようになった。しかし，多くの種が絶滅に瀕していることに対し警鐘を鳴らしていることを除けば，その目的や対象がCO_2削減のように明確でなく，特定の生態

系に関する生物多様性の保全が繰り返し語られているのが現実である。

そこで本書では，都市の空地や水田，里山などどこにでもある生態系で生活を営んでいる植物，動物，微生物の多様性に焦点をあて，その実体にせまってみた．本書はI. 人間活動と生物の多様性，II. 生きものの多様性を左右する立地環境，III. 生物多様性を自分で観察する知恵の3部から構成されている．

I部では，私たちが日頃から接している自然とはどんなものかをよく知った上で，都市の植生から，まだ昔の面影が残っている里山の植生，そして除草剤によって劇的に多様性が変化しているにもかかわらず，これまであまり語られなかった水田雑草を対象に植物多様性に及ぼす人間活動がいかに大きいものか知ってもらう．

II部では，昆虫は個々の種に固有な環境世界を形成しており，それは生態系と一対一で対応していないこと．そして人間はそれぞれの種に固有の環境世界（無機的環境）を改変することで間接的に生物多様性に影響を及ぼしていることを，畑や水田の土壌環境の変化から学ぶことができる．

III部では生物多様性の何をどのような視点から観察するのか，そこを明確にしておくことが大切であることを強調した．具体的な調査法については高等植物と昆虫にとどまった．まだ十分に解明されていない微生物の多様性調査法については，参考文献にあたっていただければと思う．

本書が保全生態学の入門書として，身近な自然を対象にどんな生物多様性を保全すべきなのか，そしてどんな生態系が健全といえるのかを考えるための手引きとして利用していただければ，望外の喜びである．末筆ながら，編者からのさまざまな要望を聞き入れていただき，本書の刊行にご尽力いただいた培風館編集部の北村浩司氏に厚く御礼申し上げます．

2010年8月

根本正之

目　　次

第 I 部　人間活動と生物の多様性　　　　　　　　　　　　　　　1

1　動物からみた身近な自然　　　　　　　　　　　　　　　　　　3
　1.1　「自然とは」 . . . . 　3
　　　1.1.1　ゴルフ人気 . . . . 　3
　　　1.1.2　自然とは . . . . 　4
　　　1.1.3　植生遷移 . . . . 　4
　　　1.1.4　バイオフィリア . . . . 　6
　1.2　里山 . . . . 　7
　　　1.2.1　失われた里山 . . . . 　7
　　　1.2.2　里山喪失の意味 . . . . 　8
　1.3　里山の植生 . . . . 　10
　　　1.3.1　里山の構造 . . . . 　10
　　　1.3.2　雑木林 . . . . 　11
　　　1.3.3　雑木林の特徴 . . . . 　12
　　　1.3.4　ススキ群落 . . . . 　13
　1.4　動物にとっての里山 . . . . 　15
　　　1.4.1　ススキ群落 . . . . 　15
　　　1.4.2　雑木林 . . . . 　19
　　　1.4.3　里山の群落配置 . . . . 　21
　　　1.4.4　まとめ . . . . 　25

2　都市植生の多様性と帰化植物　27
2.1　はじめに　27
2.2　半自然のサイズと植生　28
2.2.1　すき間の植物　28
2.2.2　植ますの植生　30
2.2.3　空地の植生　32
2.2.4　斜面地の植生　35
2.3　半自然のサイズと人間のかく乱　38
2.3.1　生育空間とかく乱　38
2.3.2　かく乱の方法　39
2.3.3　半自然植生の種多様性を決める要因　40
2.4　都市化と帰化植物　43

3　里山と谷津田の生物多様性　49
3.1　里山の植物多様性　49
3.1.1　里山とは　49
3.1.2　里山と雑木林　50
3.1.3　里山の植物多様性　52
3.1.4　里山の植物多様性に影響を及ぼす要因　53
3.1.5　イギリスの雑木林，コピス林　55
3.2　水田の生物多様性　57
3.2.1　水稲耕作と植物多様性　57
3.2.2　休耕田の植物多様性　59
3.3　谷津田とその隣接地の生物多様性　61
3.3.1　谷津田の定義　61
3.3.2　谷津田の分布　61
3.3.3　谷津田に隣接する斜面草地の植物多様性　62
3.4　里山と谷津田の植物多様性　64
3.5　まとめ　66

4　耕地雑草群落の成立と除草剤のインパクト：日本の水田を中心に　69
4.1　農耕地の雑草　69

4.2	水田雑草の多様性	71
4.3	代表的な水田雑草のプロフィール	76
4.4	絶滅危惧雑草	79
4.5	畑地雑草の遺伝的多様性	80
4.6	農業は雑草との戦い	82
4.7	除草剤による雑草防除	83
4.8	除草剤が効かない雑草があらわれた	84
4.9	水田雑草のスルホニルウレア系除草剤抵抗性生物型の出現	88
4.10	雑草の除草剤抵抗性集団の遺伝的多様性	90
4.11	コナギの開花と交配様式	92
4.12	除草剤耐性作物の栽培と雑草	95

第 II 部　生きものの多様性を左右する立地環境　101

5　立地環境を棲み分けるトンボ　103

5.1	はじめに	103
5.2	トンボの生活史：ヤゴ	105
5.3	トンボの生活史：成虫	107
5.4	樹林 - 池沼複合生態系	112
5.5	水田のトンボ	114
5.6	里山のアカネ属	117
5.7	学校プールのトンボ	122
5.8	特殊な生息地：河口域の汽水	125
5.9	生息地選択をしないトンボ	127
5.10	おわりに	128

6　土壌が支える生物多様性　131

6.1	はじめに		131
	6.1.1	太陽からはじまって	131
	6.1.2	植物の分布と土壌	133
6.2	植物の生育を支える土壌環境		134
	6.2.1	土壌 pH	134
	6.2.2	土壌の性質を決める要因	136

	6.2.3	日本の自然土壌の特性	137
6.3	人間活動により改変される土壌特性と植物相		140
	6.3.1	人間活動が土壌特性に与える影響	140
	6.3.2	土壌特性の改変が植物相に与える影響	141
6.4	植物相が支える植食性生物相および捕食性節足動物相 ...		144
	6.4.1	チョウ	144
	6.4.2	バッタ	145
	6.4.3	ゾウムシ	145
	6.4.4	捕食性節足動物	146
	6.4.5	節足動物類は環境の有効な指標	146
6.5	おわりに		147

7 水田の土壌環境と微生物相　　149

7.1	はじめに		149
	7.1.1	水田とはどのような環境か	149
	7.1.2	微生物とはどのような生物か	150
7.2	水田表面水（田面水）の微生物相		151
	7.2.1	藻類：もうひとつの光合成生物	152
	7.2.2	微小水生動物	154
	7.2.3	細菌	155
	7.2.4	ウイルス	156
7.3	水田土壌の微生物相		159
	7.3.1	湛水による土壌の変化と微生物	159
	7.3.2	水田土壌の微生物相の特徴	162
	7.3.3	水田土壌の微生物相の安定性	166
	7.3.4	水田土壌中の微生物の生息部位の多様性	168
7.4	おわりに		169

第 III 部　生物多様性を自分で観察する知恵　　175

8 生物多様性を自分で観察する知恵　　177

8.1	身近な自然と生物多様性保全	177
8.2	動物編	178

	8.2.1	はじめに	178
	8.2.2	「島」	179
	8.2.3	K と r	181
	8.2.4	絶滅	182
	8.2.5	帰化と侵入	183
	8.2.6	保護と保全・管理	185
	8.2.7	啓発	186

9 生物群ごとの基本的な多様性調査法 　189
9.1 植物について 　189
9.1.1	どこを調査地点に選ぶか	189
9.1.2	調査枠の大きさと数	190
9.1.3	適切な調査位置の選定	191
9.1.4	何を調査項目に選ぶか	191
9.1.5	被度	191
9.1.6	高さ	192
9.1.7	重量あるいは現存量	193
9.1.8	その他の調査項目	193
9.1.9	野外でのデータの記入の仕方	193
9.1.10	いつ調査を行うか（調査適期と調査頻度）	193
9.1.11	植物群落の多様性	194
9.1.12	群落構成種の特徴を知る	195

9.2 微生物について 　196
9.2.1	微生物をどのように認識するか	196
9.2.2	微生物の調査法	197
9.2.3	環境中の微生物を調べる際の難しさ	198

9.3 昆虫について 　200
9.3.1	捕獲の前提	200
9.3.2	捕獲技術	201
9.3.3	生息空間	203
9.3.4	種数の推定	204

索引 　207

執筆者一覧（執筆順）

高槻成紀	麻布大学獣医学部動物応用科学科	1章，8.1節
根本正之	東京農業大学地域環境科学部	2章，9.1節
山田　晋	東京大学大学院農学生命科学研究科	3章，9.1節
冨永　達	京都大学大学院農学研究科	4章
三浦励一	京都大学大学院農学研究科	4章
渡辺　守	筑波大学大学院生命環境科学研究科	5章，8.2，9.3節
平舘俊太郎	農業環境技術研究所 生物多様性研究領域	6章
楠本良延	農業環境技術研究所 生物多様性研究領域	6章
吉武　啓	農業環境技術研究所 農業環境インベントリーセンター	6章
馬場友希	農業環境技術研究所 農業環境インベントリーセンター	6章
浅川　晋	名古屋大学大学院生命農学研究科	7章，9.2節
村瀬　潤	名古屋大学大学院生命農学研究科	7章，9.2節

（2010年10月現在）

I

人間活動と生物の多様性

1　動物からみた身近な自然

1.1　「自然とは」
1.1.1　ゴルフ人気

　石川遼君が登場し，たちまち人気者になった。テレビでもゴルフの採り上げ方が増えたかもしれない。ニュースなどで見るゴルフ場には緑の芝生が広がり，少し木立があったり，池があったり，遠景に林があったりする（図1-1）。

　あるゴルファーが「自然の中でゴルフをするのは実に気持ちがいいです」と言っていた。

　「自然？」

　ゴルフをというより，ゴルフ場をにがにがしく思っている私はゴルフ場を自然という発言を苦々しく感じた。初めにこのことを考えてみたい。

図1-1　「自然」とよばれるゴルフ場

1.1.2 自然とは

　ゴルフ場には植物があって「グリーン」の中でプレーする。ビルやコンクリートが都市を象徴するとし，緑をそれとの対比とするなら，たしかにゴルフ場は緑であり，より自然に近いとはいえる。だが緑にもいろいろある。ここでいう緑とはもちろん植物のことだが，ヒマワリとかススキとかの個々の種ではなく，種の集まりである**群落**という意味で使うことを確認しておきたい。漠然と「緑」と考えていた人には個々の植物と群落とは大いに違うことを考えてもらうことが本章の目的のひとつである。

　さて，ゴルフ場であるが，主体は芝生である。実はこの芝生にもいろいろある。日本ではシバという匍匐性（地上をはうタイプ）の野生の植物を使うことが多いようだが，ギョウギシバであることもある。ナガハグサというもう少し柔らかく，草丈も高くなり，緑色の鮮やかな草もあって，欧米の芝生ではこれが主体だが，暑さに弱いので日本では北海道以外ではあまり使われない。シバにしてもナガハグサにしても草丈が低いことで共通しているが，その状態を維持するためには，芝刈りをしなければならない。つまり，ほったらかしにしていては芝生は維持されないのである。

1.1.3 植生遷移

　もし芝刈りをしなければどうなるだろうか。シバ群落というのはシバだけでできているのではない。カタバミ，ノミノフスマ，コナスビ，オオチドメといった小型の植物がいっしょに生えている（図1-2）。このほかにもヤマカモジグサ，オオウシノケグサ，ススキ，オカトラノオなど大きくなる植物も生えていることが多い。芝刈りを止めるとこれら大型の植物が増える。そうするとシバやオオチドメなどの背が高くなれず，明るい場所を好む植物は光を十分受け

図 1-2　芝生の動植物。(左から) カタバミ，コスナビ，ヤマトシジミ

ることができなくなって少なくなり，やがて消えてしまう。

　日本の夏は暑くて湿度が高い。植物にとっては理想的な環境であり，どんどん成長できる。そのために芝生で芝刈りをしないと雑草が増えてしまう。それだけ植物の生育がよいのだ。そのことは小型植物にとっては大型植物との光をめぐる競争に負けるという危険があるということを意味する。

　シバ群落は繰り返し刈り取られることで維持されているから，これを刈り取らないで放置すると，刈り取りに弱い，草丈の高い植物が生長し，ひと夏でもそれらが優勢になる。次の夏にはススキも入り込んでシバ群落は見る影もなくなる。さらに放置すれば数年で低木も入ってくる。このように群落の中心的な植物が入れ替わっていくことを**植生遷移**あるいは単に**遷移**という。教科書でススキ群落がアカマツ林，落葉樹林を経て，針葉樹林に変化してゆくなどという記載を覚えている人もあるかもしれない。しかしそういった数十年あるいはそれ以上かかって起きる変化だけでなく，シバ群落からススキ群落，藪へと変化してゆくことも遷移という。

　さて，ゴルフ場の芝生は刈り取りという働きかけを必要とする。その意味で群落がありのままに存在するのを自然というのであれば，ゴルフ場は自然ではないといわなければならない。

　都市よりは自然ではないか？

　その通りである。だがゴルフ場は自然ではない。たいせつなことは我々が漠然と「都市と自然」と呼んでいる「自然」にはいろいろなものがあるということを認識することである。ゴルフ場は都市よりは自然であるが，しかしそれは人手がかかって維持されるものであり，その意味では庭園に近いということになる。

　さて，ゴルフ場の芝生が自然でないといったのは芝刈りで維持されているからばかりではない。ゴルフ場では除草剤によってシバ（あるいはナガハグサなど）以外の雑草は枯らすように管理している。

　先にあげたカタバミにしてもコナスビにしても，よく見ればかわいらしい花をつける。オオチドメは花は地味だが，葉はおもしろい形をしていて，なかなか楽しいものだ。カタバミはまたヤマトシジミというチョウの食草でもあり，この植物があれば別の命が暮らすことになる（図1-2）。除草剤はそうしたシバ群落の「仲間」を排除する。ゴルフ場の芝生を自然ではないというのはそのことである。同じ管理でも刈り取りだけであれば，物理的な働きかけであり，シバをはじめとする小型植物にはむしろありがたいことである。刈り取りの頻度

が低ければ、ネジバナやキキョウなどが入ってくることもある。だが、除草剤によって化学的に植物を枯らすことはこうした植物を、そしてそれを利用する動物たちを排除することである。

ところで、ゴルフ場には池がある。池というのは本来、トンボやゲンゴロウ、小魚やカニなどもいる、さまざまな命のにぎやかな空間である。だが、こうした生き物だけでなく、人にはやっかいものである蚊なども発生する。しかしテレビで見る限りだが、ゴルフ場の池はそうした生き物がいるようには見えない。トンボは遠くから飛んでくるだろうが、ヤゴはすんでいるだろうか。おそらくよけいな生き物がいないように「管理」されているのではあるまいか。

またゴルフ場の中にはアクセントとしてところどころに木が生えている。マツの木があったり、落葉樹が数本あったりする。だが、少なくとも日本ではこういう背が高くなる木（高木）はこうした生え方はしない。遷移が進む過程で、草本群落が藪になり、低木が卓越しているあいだに高木の若木が育って、時間をかけて伸長し、やがて低木を追い抜いて林になる。その過程で間引きなどが起きるが、上に枝を張った木は光をできるだけ利用しようと枝を張り、林の被い（林冠という）を形成する。1本や数本の木がポツンと生えているのは、まわりの木を人が刈り取ったからにほかならない。

このように考えてくると、ゴルフ場は自然などではまるでないことがわかる。

こうしたゴルフ場がかなりの面積をとり、貴重な都市近郊の本来の自然を破壊して造成されていることは、日本の自然にとってきわめて大きな問題だと思うのだが、どういう訳か日本の自然保護活動は現生自然の保護や里山の保全を主張しながら、ゴルフ場には甘いように感じる。

1.1.4 バイオフィリア

ゴルフ場について少し辛口な評価をした。多くの人はゴルフ場も悪くない「自然」と考えている。ではなぜ人はゴルフ場によい印象をもつのだろうか。ゴルフ場には広々とした草原があって、ところどころに池や木立がある。これはサバンナに似ていると見ることができる。生物多様性の研究や保全で大きな役割を果たしたE.O. ウィルソンは、ヒトという霊長類の1種が進化をする過程で森林からサバンナに出たのだが、そのときにサバンナの景観に対して特別に親しみをもつようになり、それが形を変えながら、現代人にも引き継がれているという考えを提示した。そしてヒトがほかのものよりも生き物に特別な関心をもつことも、こうしたヒトの進化の中で形成されたのだとする。ウィルソン

はこうした嗜好のことを**バイオフィリア**という概念で説明した[3]。

　私たちはもちろん鬱蒼とした森林にも，広い海にもすばらしさを見いだすが，バイオフィリアによれば草原的な環境にまばらに木が生えているようなサバンナ的景観に特別に強く惹かれるのだという。ウィルソンが例示する景観の中にヨーロッパの公園があるのは当然として，盆栽と池のある日本庭園も同質であるという指摘はおもしろいと思った。たしかに典型的な日本庭園は，日本の自然が鬱蒼とした森林であるにもかかわらず，木を密生させるのではなく，マツやカエデを少し配し，ツツジなどの低木のあいだにコケの生えた平坦地があり，そこに飛び石があり，池があったりする。これは日本の渓谷のコピーのようにも思えるが，それにしては「すっきり」している。コケの生える平坦地，芝生，竹や笹を刈り取って芝生状にしたものなど，いずれもすっきりしている。これらは日本的に変形されてはいるが，疎林がある草原であるサバンナが基本にあるとみるのは慧眼というべきではないか。

　そう考えれば日本の里山の景観である茅場と雑木林の組合せもサバンナ的であると見ることができる。

1.2　里　　山
1.2.1　失われた里山

　ゴルフ場をとりあげて，一口に緑とか自然とかいっても，その内容にはいろいろなものがあることを考えた。自然保護や自然とのつきあいかたについて，最近ではさまざまな書物が刊行されるようになった。その背景には都市生活者が増えた現在，自然への渇望のようなものが強くなってきたということがあると考えられる。あるいは経済復興に邁進した昭和初期の世代が高齢化するにつれ，もう少しゆとりのある生活を求める傾向が強くなったということもあるであろう。

　そうした流れの中でこの10年ほどでとりあげられることが多くなったことばのひとつは**里山**であろう（図1-3）。1970年代の日本の自然保護は尾瀬に象徴されるような**原生自然**を守ることであった。白神山地や知床半島，あるいは屋久島などの保護はこのような流れの中にある。その時代には農業地帯は自然保護の対象ではなかった。そのような，人に管理された自然は保護すべき自然と考えられることはなかった。保護するのは人手のかかっていない自然であり，そのような自然ほど価値が高いと考えられていた。その意味で里山は守るべき

図 1-3　里山の景観（町田市図師）

価値があるとは考えられていなかった。現に当時の日本列島改造の時代であるから，貴重な原生自然を守ることを最優先させなければたいへんなことが起きるという危険があったし，里山の景色はどこにでもありふれていたから，その保護の優先度は低いものとならざるをえなかった。しかし，皮肉なもので，ありふれていたことが里山の消滅にブレーキをかけさせないことになってしまった。「ここがなくなっても，あそこにはある」と考えがちだったし，「貴重な植物があるわけではないから守るほどの価値はない」と考えられた。

　こうして里山はさまざまな形で消滅していった。最も直接的な破壊は里山に工場や宅地を造るために造成してしまうことだった。大都市の周辺の里山では丘陵地そのものを消滅させる大規模な「開発」が行われた。地形を変形させないまでも，森林の伐採も大規模な破壊といえる。森林がなくなったあとは宅地化などが進行した。また減反による水田の消滅も里山の景観を大きく変化させた。かつてイネが植えられていた水田にヨシが入り込み，あるいは水を抜いた場所ではセイタカアワダチソウなどが繁茂するようになった。コスモスなどの園芸植物を植えたところもある。

1.2.2　里山喪失の意味

　原生的自然の価値は広く知られるようになった。そこまでの原生自然でなくても，東北地方のブナ林とか中部地方の亜高山針葉樹林などに行き，森の中に入るとその美しさ，荘厳さに感動する。こうした自然はなんとしても残してほしいと思う。実際，こういう場所は天然記念物に指定されたり，国有林として許可なく伐採をしてはならないよう決められている。一方，土地ではなく動植物の種を特定して保護しているものもある。アマミノクロウサギやイヌワシな

1.2 里　山

どは厳重に保護されているし，もう少し身近なところでもオオタカは保護鳥である（図1-4）。オオタカのような猛禽類は小動物を捉えて食べるから，それを支えるだけの小動物がいなければならない。また巣を作るのに適した林も不可欠である。こういう捕食者は栄養段階の高次レベルに位置し，それ以下の生産者や消費者がいなければ生きていけない。したがって逆にオオタカがいるということはそれだけ豊かな自然が残っているということを意味する。つまりオオタカが生息していることはその場所に豊かな自然があるということを指標しているといえる。これを保全活動の視点からいえば，オオタカを保護するということはその場所の多くのほかの生き物をも保護することを意味する。このように，オオタカが傘のように多くの種の被いになって，雨に喩えられる危険から守るという意味で，**アンブレラ種**と呼ばれる[1,2]。こうしたことからオオタカがいる場所は開発を抑制することが法的にも定められている。したがって開発派にとっても保護派にとってもオオタカがいるかいないかは大問題となる。実際にオオタカがいたために開発が中止になった例は少なくない。一方，ずさんな調査によって本当はオオタカがいるのにいなかったという報告書が出されて開発が強行されたこともある。

そのような問題はあるにしても，アンブレラ種をとりあげ，その生息を指標としてその場所での開発が抑制されるという制度は歓迎すべきものである。これは戦後の日本が経済復興という大目的のために汚染物質を出しながら「垂れ流し」にしたり，奥山にまで林道を作って森林を伐採したことへの反省から行われるようになったものである。

図 **1-4**　アンブレラ種であるオオタカ（©Norbert Kenntner）

このような貴重な動植物の保護に困難はつきものであるが，しかし，論理は明快である。これに比べると，ブナ林もなければオオタカもいないような「ふつうの雑木林」や「ふつうのススキ原」はどこにでもあったし，とくに貴重な動植物がいたわけでもないから，開発をするという計画ができたときにそれを阻止する理由がなかった[11]。とくに大都市近郊の里山は人口増加のためにベッドタウンとして大規模に開発された。「開発」とは人間側の事情であり，これは自然側からみればまぎれもない「破壊」である。

守るべき理由がなかったために雑木林やススキ群落は歯止めなく失われていった。次節ではそのことの意味を考えてみたい。

1.3　里山の植生
1.3.1　里山の構造

雑木林やススキ群落を考える前に里山の構造を考えておきたい。日本の地形は複雑で，新潟平野のような大面積の沖積地は少ない。程度の違いはあるが，農家の裏には低い山があり，小川があって山と接する平地が水田として利用されている。山に挟まれて**谷戸**あるいは**谷津**とよばれる狭い谷に作られる水田であることも多いし，山がちの場所では水田が狭くなって**棚田**と呼ばれるようなものもある（図1-5）。米作りは日本の農業の根幹だから，水田を中心とした農作業が行われてきた。そのためにかなり大規模な土木工事も行われた。水の管理こそ米作りの最重要なことだからである。平坦で水を湛える水田で水の出入りを管理する。そして稲の伸びを見ながら，害虫や病気の被害にあわないようにさまざまに世話をする。それは世界でも稀にみる集約的な農業形態であった。

図 1-5　谷津田（左）と棚田（右）

1.3 里山の植生

図 1-6 水田の耕起（左），枯葉を集めて腐葉土にする（右）

　水田には田植えの前に肥料をすき込む[11]。最も濃厚なのは家畜の糞と枯葉などをまぜて発酵させた**堆肥**である。そのために農家では牛や馬を飼った。もちろんこれらの家畜は地面を耕す役畜でもあった。家畜の飼料としてススキ群落が必要であり，これを**茅場**と呼んだ。茅とはススキのことだが，実際にはもう少し幅が広くススキのように大型のイネ科植物の総称であり，オギとかカリヤスなども茅に含まれる。水田の肥料はそれだけでなく，裏山の木の枝や草を緑のままですき込む**緑肥**や，枯葉がつもった**腐葉土**も使った（図1-6）。

　このように水田の米作りを軸にした農業はその水田を管理するために家畜と肥料，家畜の飼料などを必要としたため，水田の近くに茅場や雑木林があった。農家を中心に水田，ススキ群落，雑木林が狭い範囲にモザイク状に配列してひとつの単位を形成していたということである[8]。このことが里山の生物多様性を高めていたといえる。このほか用材を確保するためのスギやヒノキの人工林もあることが多く，さらに複雑なモザイクを形成していた。

1.3.2 雑木林

　雑木林といえば虫採りがイメージされる。もっともこれは中高年の世代のことで今の若い世代はそういう経験はあまりしていないかもしれない。そもそも雑木林がない場所で育った人も少なくないだろう。

　雑木林の**優占種**，つまりその林で量的に多い植物はコナラやクヌギであるが，そのほかにもさまざまな植物が生育している。関東地方ではヤマザクラやウワミズザクラなどや，カエデの仲間などが高い木になるが，それより低いところにエゴノキやリョウブなどがある。人の背丈かもう少し高いくらいまでは**低木層**というが，ここにはヒサカキ，ヤマツツジ，ノリウツギ，マユミなどが多い。

図 1-7　初夏の雑木林（左），冬の雑木林（右，東京都小平市）

そして林の地面（これを**林床**という）には野菊の仲間やスゲ，ミツバツチグリ，チゴユリなどさまざまな草本類も生育している。このように雑木林には実にさまざまな植物が立体的な構造を形成している。

　雑木林を形成する木のほとんどは落葉広葉樹だから，秋になると色づいて落葉する。このため地面には大量の枯葉がつもり，時間をかけて分解してふかふかの土壌をつくる。春になると無数の枝先から新しい新芽がでて葉を拡げる。明るかった地面はその葉で暗くなるが，まだ明るいうちにスミレなど早春の花が咲く。初夏になるとそうした春の植物が結実し，初夏の花，たとえばコナラやエゴノキなどが花を咲かせる。この頃になると林はすっかり暗くなり，昆虫類が増え，またそれを食べる鳥類も多くなる。真夏になればカブトムシやクワガタも現れ，子供たちが虫採りをする。秋になればガマズミ，ムラサキシキブ，マユミなどが赤や紫の実をつけ，コナラやクヌギのドングリもなる。

　このように雑木林は季節ごとに違う植物や動物が登場するにぎやかな舞台となる（図 1-7）。

1.3.3　雑木林の特徴

　ここで雑木林の特徴を考えてみたい。雑木林とはコナラやクヌギなどに代表される落葉樹の林で，大きな特徴はあまり太い木がないということだ。この点で奥山のブナ林などとは大きく違う[8]。

　なぜ太い木がないかというと，コナラやクヌギが太くならないからではなく，太くなる前に伐採されるからである。それはこうした林は農業生活の中に組み込まれており，積極的に利用されてきたからである。一番重要であったのは燃料である炭の確保である。石油も電気も使わなかった時代，料理も暖房も炭で

行った。その炭を確保するために裏山の木を切った[11]。山地帯であればもともとブナもあったであろうし、暖かい地方の低地ではシイやカシもあったであろうが、これらの木は繰り返し切られることに弱いためにしだいに少なくなってしまう。これに対してコナラやクヌギなどは切られたあとから**萌芽**を出して株を作り、十数年で林らしくなり、20年もたつともとの林のようになる。こうした20年から30年程度の頻度で伐採を繰り返しているのが雑木林の特徴といえる。

1.1.1項で植生遷移の説明をしたが、遷移が進み、十分に時間をかけて到達した段階を**極相**という。山地のブナ林とか亜高山のコメツガ林などは極相である。雑木林は極相に近づこうとする群落を伐採することでそうならないように管理する林ということができる。

伐採されてしばらくは林がなくなるのだから、草原のような状態になる。地面に直射日光が当たるから明るい場所を好む植物が繁茂する。ススキはその代表だが、そのほかキイチゴ類などが多くなる。林があったときに林床に生えていた植物も増加するが、そのときに地面や地中にあった種子が発芽したり、外から飛んできた種子が発芽したりする。こうした段階が過ぎて、より丈の高い低木や高木の若木が伸びると草本類は光を奪われて少なくなる。タラノキなどが増えて、歩くのもたいへんな薮状態になる。さらに時間が経つとこれらよりも背が高くなるコナラなどが伸びて、低木類も生育が抑えられるようになる。この頃になるとススキやワラビなどは消滅していることが多い。

生物の多様性という観点からすると、ある土地の中にこうした多様な発達段階の雑木林があることが、多様性を高めているといえる[5]。その結果、植物だけみても実にさまざまなものが生育している。さらに動物も暮らしている。草原のような場所を好む動物もいれば、逆にある程度大きな木のある林がなければ暮らしにくい動物もいる。植物と違って移動できる動物にすれば、そうしたさまざまな生活環境があれば、必要に応じて往来も可能なのでつごうがよい。さまざまな段階の雑木林を併せ持つ里山はこうした動物にとって暮らしやすい空間である。

1.3.4 ススキ群落

里山ではこういう雑木林管理とは別に茅場の管理もしていた。つまり薮になる前の段階で刈り取りをし、その状態を維持したのであり、これが**茅場**であった（図1-8）[10]。そのために1年に一回あるいは数回の刈り取りをする。そう

図 1-8 茅場（長野県小海町）

すると低木類は多少残るが高木になるような植物は育つことができない。

　茅場とはススキ群落のことといってよく，ススキにはさまざまな用途があった。「茅葺き」というように屋根を葺くのにススキが使われた（図 1-9）。茅葺きの家は，夏は涼しく，冬は囲炉裏で団欒を楽しめるものであった。屋根を葺いた茅は数十年はもつが，傷むと葺き直しをする。そのため，かつての日本の農村では，あちこちで大量のススキを必要とした。一方，ススキは大型のイネ科植物であり，生産量も多いから，家畜の飼料としても有用であった。家畜の糞は枯れ葉などを混ぜて堆肥とされ，これが田畑の肥料として利用された。このように農村生態系の物質循環という意味でも茅場は重要な役割を果たしていた[11]。そればかりではない，日本の民衆はこの植物に美しさを見いだし，中秋の名月を楽しむために花瓶にさした。花を楽しむといえば世界中，バラ科やキンポウゲ科といった華麗な花がもてはやされる。そういう意味での華麗さはないススキの円弧を描くような銀色の花に美を見いだした日本人の美意識は相当

図 1-9 萱葺き農家（東京都青梅市）

高いレベルにあるといえるだろう。

　茅場にはそのほかにもさまざまな草本が育つ。「秋の七草」がその代表といえよう。ススキのほかにはハギ，キキョウ，オミナエシ，ナデシコ，フジバカマ，クズである。ただしハギはいくつかの種を含み，また木本であるという点で特殊である。ハギはマメ科であり，根粒をもっていて空中窒素を固定できるから，植物体に窒素成分を多く含んでいるから家畜の飼料としてすぐれている。東北地方の馬産地などでは茅場とともに萩山とよばれるハギが多くなる管理をした群落もあった。キキョウは青，オミナエシは黄色，ナデシコはピンク，フジバカマは白と，色とりどりの花を咲かせるから，これらをまとめて活ければ見事な生け花ができる。クズは唯一のつる植物である。これもマメ科であり，家畜の飼料としては価値が高い。ただし放置しておくと繁茂してほかの植物を被ってしまうので，適度な刈り取りが必要である。

　これらの植物はいずれも明るい場所を好むから，刈り取りをしないで遷移が進むと消えてゆく運命にある。そうしないために雑木林の管理よりは頻繁に刈り取りをすることで維持されてきた。その特徴は光が十分にあるために急速に成長し，狭い面積に多数の草本類が生育することにある。

1.4　動物にとっての里山
1.4.1　ススキ群落

　それでは雑木林や茅場は動物の生息地としてどのような特徴があるだろうか。はじめに茅場つまりススキ群落を考えたい。すでに触れたように，ススキ群落は明るい場所にある。直射日光があたり，しばしば地面にも達する。雨が降れば雨が，風が吹けば風が直接当たる。これが林であれば林の上の部分（林冠という）が直射日光を受け止め，林床にはやわらかな間接光が当たるし，風は防いでくれる。雨が降っても雨粒は枝をつたい，幹をゆっくりと降りてゆく[4]。したがって森林にすみ，そうした穏やかな環境を好む動物にとってススキ群落はすみにくい環境ということになる。

　ススキ群落はなんといっても見晴らしがよい。地形が複雑で，降水量が多いために植物が繁茂する日本の環境にあって，こうした開放的な空間は少ない。そこにはホオジロとかモズのように開放空間を好む鳥がすむ（図1-10）。

　一方でキジやウズラのような，飛ぶのが得意でなく，地面を歩くタイプの鳥もススキ群落にいる。その理由はよくわからないが，ススキ群落は地表近くに

図 1-10　里山の小鳥。ホオジロ（左）（©NIMSoffice at en.wikipedia），モズ（右）

　大量の植物があり，それを食べる昆虫類や小動物が多い。キジやウズラはこうした小動物を食べるから，森林の林床よりは適しているのであろう。
　カヤネズミというネズミがいる（図 1-11）。ネズミといえばクマネズミやドブネズミがイメージされ，里山というより都市環境にもおり，不潔でいやな動物だと思われがちだ。実際ネズミが感染症を伝播することがあり，日本でも戦後の，家屋が粗末で，不潔な環境があちこちにあった時代には，ネズミによる被害が多かった。こうしたネズミに比べると，カヤネズミはまるで違うタイプのきれいなネズミである。体重が数グラムしかない小さなネズミで，名前のとおり茅場にすむ。地上に降りることをせず，ススキの葉や枝をつたいながら移動する。そのために手足はものをつかみやすいように向かい合った指をもち，尾で器用に植物にからみつく。ほかのネズミとまったく違うのは球状の巣を作ることである。一見するとジュウシマツなどの鳥の巣に似ているが，鳥のよう

図 1-11　茅場の代表的な哺乳類，カヤネズミ（左）（©Hecke）とカヤネズミの巣（右，東京都日ノ出町）

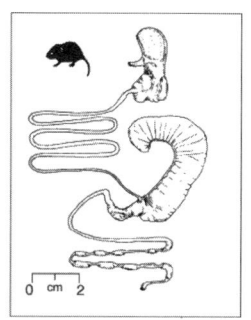

図 1-12　ハタネズミの消化管。盲腸がよく発達している（Stevens C. E. and Hume, I. D., Comparative Physiology of the Vertebrate Digestive System (2nd ed.), Cambridge University Press, 1995 より転載）。

にほかの場所から巣材を持ってくるのではなく，生きたままのススキの葉をたくみに編んで巣を作る。カヤネズミは文字通り「ススキにすむネズミ」である。

カヤネズミのほかにもハタネズミというネズミがいる。名前のとおり畑や牧場にいるネズミで，後述する森林にすむネズミとは多くの点で対照的である。ハタネズミは草の葉や地下部など繊維質の食物を食べる。こういう植物はどこにでも大量にあるので供給量は安定しているのだが，哺乳類はセルロースを消化できないから，通常は利用しにくいのである。ハタネズミはたいへん丈夫な歯をもっており，その歯は根が深いので繊維質の植物を食べても摩耗してしまうことはない。また胃も複雑な構造をしていて食物を発酵させて消化することができる。さらに盲腸が発達しており，ここで植物を発酵させて吸収することができる。そうした消化生理学的な特性だけでなく，ほかの点でもススキ群落に適している。森林のネズミは個体密度が高くなると栄養学的にも行動学的にも妊娠率を下げるようになっている。良質な資源は限られているから，そうした食物しか食べないネズミがどんどん増え続けて危険になることを回避するための適応である。しかしハタネズミは消化率は低いが枯渇することが少ない植物を利用できるので，密度が高くなっても妊娠率が下がることがない。そのためなんらかの理由で食料が増えるとハタネズミが爆発的に増えることがある。

これらのネズミにとって茅場は，モズやノスリなどタカの仲間などに襲われる危険がある（図 1-13）。森林のネズミも猛禽類に狙われる可能性はあるが，森林はなんといっても見通しが悪い。このため猛禽類にとってはススキ群落のほうがよい餌場になる。

図 1-13　好んでネズミを捕らえるノスリ (ⒸMarek Szczepanek)

　今の日本ではノウサギを見ることは本当に少なくなったが，30年ほど前まではそうではなかった．雪国では冬になると，雪の上に驚くほど多くのノウサギの足跡がみられた．このノウサギもススキ群落を好む（図1-14）．それは基本的に植物量が多いからであろう．ノウサギもハタネズミのように繊維質の草や木の葉を食べ，利用することができる．歯も臼歯が発達しているし，消化管も盲腸が大きいなど繊維質の食物を消化する適応がみられるが，ノウサギはこれに加えてたいへんユニークな消化法を発達させた．それは**糞食**と呼ばれるもので，ひととおり消化して消化管を通過した半消化物を肛門に直接口をつけて食べ，もう一度消化するのである[9]．ウシやヤギのような反芻獣は特殊な胃や長い腸でさらに徹底した消化をするが，体の小さいノウサギは「羊腸」のような長い腸がもてないので，二度食べることでそれを補っているのである．「羊腸」とは長いものの喩えで，「箱根の山は天下の嶮」で始まる唱歌「箱根八里」にも

図 1-14　茅場のもうひとつの代表的な哺乳類，ノウサギ

「羊腸の小徑は苔滑らか。一夫關に当たるや，萬夫も開くなし」という歌詞がある。羊の腸が長いことを知っていた中国の牧民の生活から生まれたことばであろう。

ススキ群落はワシ類に狙われる危険はあるが，そのマイナスを補って余りある食料がある。それにあの長い耳のおかげで聴覚はきわめてよく，また「脱兎のごとく」という言葉どおり，ノウサギは実に俊足である。ワシ類でもそうやすやすとは捕まえられないに違いない。それにノウサギは繁殖力が旺盛である。一回に3，4頭もの子供を産み，一年に3，4回も出産する。したがって食べられて減ることは織り込み済みであり，それよりも生息するための食物が豊富にあることのほうが生息地の条件としての優先順位が高いのである。

なによりもよい証拠は，誰でもが日常的にウサギを獲っていた時代にたくさんいたノウサギが，ハンターの数が激減したにもかかわらずいなくなったという事実そのものである。猛禽類も少なくなり，ノウサギをとって食べる人が減ったにもかかわらずノウサギは非常に少なくなってしまった。これはノウサギに好ましい環境，つまりススキ群落が激減したことによる。

大型獣にふれていないが，農業が盛んな時代に里山に大型獣が出没することはまれだった。それはかつての里山には若者を含め人がたくさんいたために野生動物にとっては恐ろしい場所だったからである。大型獣は大量の食料を必要とし，行動圏（動物が生活で使う範囲）が広い。したがって里山だけで生活するのはむずかしい。里山も山がちの場所であれば，イノシシやシカはいて，ときどき農地にも侵入したが，それは彼らの行動圏のほんの一部であった。イノシシは体重が100kgを越えることもある大型草食獣だが，シカやカモシカと違って雑食性であり，しかも植物の地下部を利用できる。農地の畑などはミミズも多く，イモなどが植えてあるからイノシシにとっては魅力的な場所である。したがって山村や農村ではイノシシの侵入は農民の悩みの種だった。当然捕まえて食べられることもあったが，イノシシは多産であり，1回に数頭の子供を産み，しかも条件によっては一年に2回の出産をすることもある。したがって捕獲をしても簡単に減ることはない[7]。

1.4.2 雑木林

ススキ群落に比べると雑木林は立体的である。林床は暗いからススキ群落のような大量な植物量はないため，高密度の動物を養うことはできない。しかし捕食者から隠れたりすることには適しているし，量的には少なくてもさまざ

な食物がある。たとえばガマズミなどの低木もあるし、コナラなどのドングリの類もある。また肉食獣にとっては餌となる小動物類もさまざまにいる。

　高い木があるということは、たとえばニホンザルやムササビのような林冠を必要とする動物には欠かせないことで、これらはススキ群落にはいない。キツツキ類やカラ類も森林の立体的な構造を必要とする。森林にはカヤネズミやハタネズミはあまりおらず、アカネズミやヒメネズミなどがいる。これらのネズミもドブネズミなどとはまるで違うきれいなネズミである。これらは小動物や良質な果実などを食べるので、利用できる食物量は多くない。ヒメネズミは木登りも得意で空間を立体利用する。

　タヌキやキツネも里山の動物とされる（図1-15）。タヌキは日本人にはなじみが深い。実際に見たことのある人も少なくない。一般に野生の哺乳類は夜行性であることが多く、生息していても目にすることは少ないのだが、タヌキに限っていえば、見たことのある人がけっこういて、新聞に写真がのったりする。東京と神奈川県が接する町田市と相模原市で交通事故にあった野生動物のうち、最も多いのがタヌキで、年間に300頭もが犠牲になっている。それに比べるとキツネの事故はほとんどなく、もう少し山よりの場所にすんでいる。タヌキの食べ物を調べてみると、果実類が多く、季節によっては小動物も多い。カキの種子やギンナンも食べており、里山的な環境を反映している。また大都市郊外という場所を反映して、残飯なども食べている。こうした結果をみると、タヌキは雑食性で、すんでいる場所の食料事情に応じてかなり臨機応変に食べ物を変えながら生きているようだ。タヌキの持つこうした順応性がかつての里山のみならず、現在の都市郊外でも生き延びていられる理由と思われる。

図1-15　里山の哺乳類，タヌキ（左）とキツネ（右）

1.4 動物にとっての里山

タヌキに比べるとキツネは一般に数が少なく、より自然度の高い場所に暮らしているようだ。しかし北海道では人里にもいるし、ロンドンでは都市にもすんでいるので、タヌキに劣らず異なる環境でも暮らせる動物のようだ。しかし、少なくとも本州ではタヌキよりはえり好みが強いように思われる。キツネは岩場を使ったりもするが、基本的に地面に穴を掘って巣を作る。たいへん頭のよい動物で、警戒心も強い。運動神経もよく、飛んでいる小鳥を捕まえたり、草原のネズミをジャンプして捕らえたりすることができる。

タヌキもキツネもネズミなどに比べると広い行動圏を持ち、行動圏にはいくつかのポイントとなる要素がある。ひとつは餌が確保できる場所、それから隠れる場所、とくに巣を作ることができる場所などである。こうしたことを考えるとタヌキやキツネは里山のうち、雑木林を必要としているようだ。ただしキツネの餌場としてはススキ群落のほうがよさそうであり、林とススキ群落がセットであるような場所が好ましいものと思われる。

1.4.3 里山の群落配置

典型的な里山を考えてみたい。谷の出口にあり、ある程度広い平野が広がり、その平野の中央には川がある。平地は水田に使われている。農家は水の便から丘陵地と平地の境にあり、道路もここを走っている。農家の周りは畑で、丘陵地の斜面には雑木林があり、谷地形のところにはスギ林がある。雑木林の伐採後の年数は違い、藪のようなところもあれば、かなり太いコナラの木でできたものもある。これらがだいたい直径1kmほどの範囲にあり、少し離れたところに別の水田があったり、山のほうにはスギ林を持っていることが多い。

ひとつの農家はこういう具合だが、農村には公共性のある建物もある。神社やお寺があり、学校や公民館などもある。神社やお寺の裏にはうっそうとした森があることが多い。こういう森は雑木林とは違い伐採されることはない。これも含めて考えると里山というのはさらに多様な遷移段階を含んだ空間だということがわかる。事実、ムササビやフクロウはこうした森にいる（図1-16）。それは巣となる**樹洞**（木にできるウロのこと）は古い大きな木にしかないからである。細いコナラしかない雑木林はこうした樹洞はほとんどないため、彼らは住みにくいのだ。フクロウはネズミを食べることに特化した猛禽類で、こうした樹洞を巣にして雛を育てる。そこから飛んでネズミを探すのだが、雑木林の多い場所ではアカネズミなどを、畑や牧場が多い場所ではハタネズミをよく捕まえる。したがって水田だけで、神社や雑木林などがない「里山」ではフク

図 1-16 樹洞を使う動物。フクロウ

ロウは生きてゆくことができない。実際，化学肥料を使い，殺虫剤を使う米作りをする水田ばかりの農地ではフクロウがいなくなってしまった。

　狭い範囲にさまざまな群落があるということは里山に暮らす動物にとって重要な意味をもっている。雑木林にはさまざまな植物が生育しているのだが，注意深く見ると，たとえばガマズミやマユミ，モミジイチゴなどは林内にもあるものの，実をつけるものの多くは林縁に生えている。これは植物の生産に関係しており，暗いところでぎりぎりで生きている個体は花をつけるほどの生産ができないが，林縁は明るいのでそのことが可能になるのである。そうした林縁にはつる植物も多く，これもまた林内では結実しないことが多い（図1-17）。こうした低木やつる植物にはベリー（みずみずしい多肉質の果実。液果，漿果ともいう）をつけるものが多い（図1-18）。たいていは直径数ミリほどで赤やオレンジや紫の目立つ色をしている。これは小鳥に見つけてもらって果実を提供

図 1-17　雑木林の林縁にはベリーをつけるつる植物や低木が多い。

1.4 動物にとっての里山

図 1-18 里山の雑木林のベリーをつける低木。マユミ（左）とガマズミ（右）

し，種子を運んでもらうためだ。またアケビやヤマブドウなどは鳥にも食べられるが，タヌキなどの哺乳類もよく食べて，やはり種子を運ぶ。こうして植物は動物を利用して自分の子孫を遠くへ運んでもらっている。

このほかナラ類のドングリやエゴノキの果実などはナッツ（デンプン質や脂肪に富む果実。堅果ともいう）をつける（図 1-19）。ドングリはリスやカケスなどが運んで地中に埋める（図 1-19）。それらは掘り出して食べられるが，な

図 1-19 カケス（左上），ヤマガラ（右上），ニホンリス（左下），エゴノキの実（右下）

かには忘れられるものがあり，そこから発芽する。エゴノキはヤマガラが専門的に運ぶ（図1-19）。都会に近い雑木林は孤立していることが多く，そうした林にはリスがいないためドングリは空しく落下するだけとなっている。

　ススキ群落は刈り取られることで維持されているが，そこに暮らすカヤネズミやノウサギ，キジなどはススキが刈り取られたときは一時的に避難しなければならない。そのときに別の茅場や伐採後の藪群落があれば一時的に避難することができる。そうした避難とは違うが，猛禽類に襲われたネズミや，キツネに狙われたノウサギ，さらにはハンターに狙われたキジなどもススキ群落から雑木林に逃げ込んで避難するであろう。逆に昼のあいだ人目を避けて雑木林に潜んでいたキツネや，神社のスギの木にいるフクロウが夜になってススキ群落にでかけて獲物を捕るということもあるであろう。

　サルは典型的な森林の動物であり，農地のような木のないところだけでは暮らすことはできない。ただサルは人間と消化生理が似ており，人が食べるものはサルにとっても魅力的な食物である。狭い土地に栄養価のある果物や野菜がたくさんある農地は，サルにとってはできれば侵入したいところである。サルは知能が高いから，危険があれば慎重に避けるが，逆に大丈夫であることを知ると大胆に侵入する。その危険が何であるかを理解し，たとえば間歇的な爆音などはすぐに見抜いて無視するようになる。また電流を流して動物を寄せつけない電柵が危険であっても，木があればそれを利用して巧みに出入りする。このようなことはおもに農山村から人がいなくなったことが原因だが，日本の里山がモザイク状で森林が隣接して配置されていることが裏目に出た結果と見ることができる（図1-20）。このことを捉えて，畑と森林のあいだの藪を刈り払

図1-20　ニホンザル。サルから見れば林を一歩でれば農地にはおいしい果物や野菜がある。

うことでサルの侵入を防いだ例がある[6]。

1.4.4 まとめ

里山の植生はさまざまな植物が生えているだけではない。そこには植物を利用する動物がおり，またその植物を利用する植物もあって，さまざまなドラマが展開される舞台なのである。

ここでは紙数の関係からおもに哺乳類と植物群落のことに限定して考えてきたが，もちろん昆虫など，そのほかの小動物についても同じことがいえる。いや，体が小さく移動範囲の狭い昆虫などには，あるいはもっと重要な「モザイク配列による効果」があるかもしれない。たとえば竹の切り株ひとつあればカ（蚊）が発生するし，一株の食草があれば蝶が寄ってくる。あるいは哺乳類にとっては直径 5m ほどの薮は行動圏のほんの一部にしかならないが，ある種の昆虫にとっては一生をすごす空間となりうる。こうした薮と別の森林や草原があれば，昆虫の多様性は大きく増加する。

いずれにしても里山には多様な群落があり，多様な動物が暮らしているが，どの群落に何という動物がいるということだけでなく，狭い範囲に多様な群落が隣接していることが重要である。ただこれらのことを裏付ける調査はまだまだ少なく，今後はこの点に着目した調査をする必要がある。

引用・参考文献

[1] Lambeck, R. J.: *Conservation Biology*, **11**, pp. 849-856, 1997.
[2] Roberge, J-M and P. Angelstam.: *Conservation Biology*, **18**, pp. 76-85, 2004.
[3] ウィルソン，エドワード・O.（狩野秀之訳）:『バイオフィリア：人間と生物の絆』，平凡社，1994.
[4] 亀山章:『雑木林の植生管理：その生態と共生の技術』，ソフトサイエンス社，1996.
[5] グリーン，ブリン（小倉武一・原慶太郎訳）:『田園景観の保全：景観生態学，戦略，実践』，食料・農業政策研究センター国際部会，1999.
[6] 齋藤千映美:環境改変：サルと人との関係を変えるために，『生態学からみた里やまの自然と保護（石井実監修・日本自然保護協会編集）』，講談社サイエンティフィク，2005.
[7] 高橋春成:『イノシシと人間：共に生きる』，古今書院，2001.
[8] 武内和彦・恒川篤史．鷲谷いづみ:『里山の環境学』，東京大学出版会，2001.
[9] 平川浩文:哺乳類科学，**34**，pp.109-122，1995.
[10] 平吉功:『ススキの研究』，平吉功先生退官記念事業会，1976.

[11] 守山弘：『自然を守るとはどういうことか』，農文協，1988.

2 都市植生の多様性と帰化植物

2.1 はじめに

　羽田空港に降下中の飛行機から東京を見下ろすと皇居，明治神宮，浜離宮の緑の点在や，多摩川や江戸川に沿った緑の帯が目に入ってくるだろう。羽田から都心に向かい車を走らせれば，街路樹や切り通しの斜面，空地，小公園の緑が次々とあらわれる。そして都心のオフィス街を歩いてみれば，街路樹の植ますや敷石のすき間にわずかに生える雑草が気になるはずだ。このように都市内には大小さまざまなタイプの植生が点在あるいは帯状に分布している。私たちの最も身近なところにある植生はどのような特徴を持っているのだろうか。そのサイズに着目して分類すると，小さなものから順に4つのグループに大別できる。

　すなわち，
1. いたるところに存在するが，極端に生育面積が小さいすき間，たとえばアスファルト，コンクリートあるいは敷石で覆われた歩道などのすき間。そこでは踏みつけや除草など植生がかき乱される**かく乱**が最も頻繁に行われている。
2. $1\ m^2$ 前後のコンクリートで覆われていない街路樹の植ますや，道路の中央分離帯。1. と比較すれば，踏みつけの頻度が低下する。
3. 空間のサイズが2. よりも大きい空地。そのサイズやかく乱の程度に相当の幅がある。
4. 都市内を通る道路や鉄道線路の切り通し，河川堤防などの斜面地（**法面**（のりめん））。通例，年に何回かの草刈り管理が行われている。

このほか，都市内の植生として社寺林や斜面地に残る林など自然植生に近い

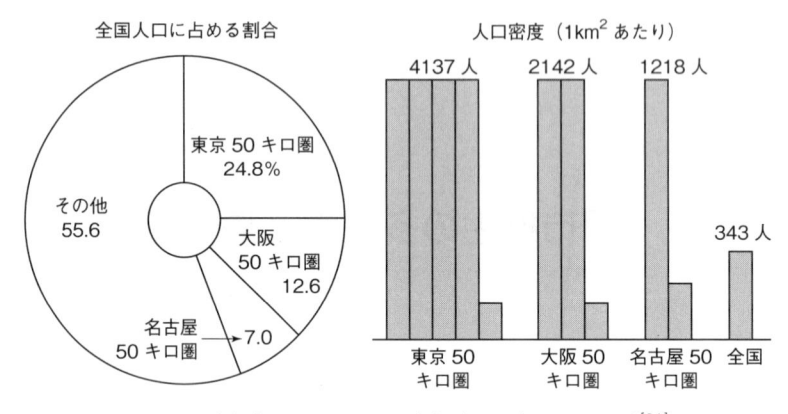

図 2-1 三大都市 50km 圏の人口密度（2007 年 3 月 31 日）[21]。

ものと，植栽から管理まで，きめ細かく手の入っている都市公園，校庭，個人住宅の庭などの人工植生も含まれる．本章ではこれらの中から，あまり知られていない都市の半自然に自然発生してくる一群の植物の多様性に焦点を当てることにしたい．

半自然とは A.G.Tansley（1935）の定義によれば「自然に発生してきた植物群落が，人間や家畜の力によって部分的に決定づけられたり，著しく修正された自然」である[7]．現代の都市には家畜の関与などないかも知れないが，大小さまざまな半自然が混在している．全国人口の 44.4％（2007 年 3 月）が東京，大阪，名古屋の三大都市 50km 圏内に集中していることから[21] 都市内に期せずして出現した半自然の植生も私たち日本人にとっては身近な自然といえるだろう（図 2-1）．以下，グループ別に都市の半自然の緑の特徴とその多様性について述べる．

2.2 半自然のサイズと植生

2.2.1 すき間の植物

植物が生えていそうもない都市の中心部でも，植物がなんとか生育できるほどの空間はかなり存在する．その代表が歩道のすき間である．他にも石垣や空き家の屋根など，思わぬ空間に植物が生えている．踏みつけ，刈り取りなど植生がかき乱されることの多い歩道のすき間で出現頻度の高い植物は，スズメノカタビラ，ツメクサ，オオバコ，カタバミ，タンポポ類，オヒシバなど，ごく限られており，出現種数（生えている植物の種類）の合計は他のグループと比

図 2-2 柵沿いのすき間に広がったチガヤ。

較し明らかに少ない[11, 18]。

　かく乱のうちでも踏みつけ頻度が高いことから，スズメノカタビラを週に一度 $0.3 \mathrm{kg/cm^2}$ の強度で 25 回踏みつけたところ，葉が厚くなったため単位葉面積あたりの葉の重さが増加した[3]。また踏圧下のスズメノカタビラは，茎数や穂数が増えるという特性を示す[18]。

　歩道上のすき間に形成される群落の構成種は発芽してから 1 か月以内に種子をつけるというように，ごく短命な一年草と，多年草でも小型で頻繁に花をつけるもので，いずれも個体の再生産に有利なものが主である。しかし段差があるため踏みつけられることの少ない縁石の車道側のすき間には，小型でロゼット型のタンポポ類以外はオオアレチノギク，ナガミヒナゲシ，オニタビラコ，エノキグサなどかなり草丈の高くなる種も出現し（新宿駅付近の繁華街の裏道），もし除草しなければ開花・結実するまでに成長するだろう。歩道のすき間でも踏まれることの少ない柵沿いには，地下茎で横に広がるチガヤが見られることも多い。また歩道に接するブロック塀の壁面や上部の割れ目にも砂ぼこりがたまるとコケ類やさまざまな草本類や木本類が発生するが，極端な乾燥環境にみまわれやすい都市内では大きく成長することはまれである。

　東京都足立区から青森県青森市に至る国道 4 号線の全区間で路面間隙の植生調査を行ったところ，一年草が全体の 57.7% であり，種子の散布様式は，種子が重力に逆らわず，ただ下に落ちるだけの重力散布型（61.2%）の草本が優占していることがわかった[16]。

　必ずしも身近な自然ではないが，平地の少ない日本では斜面地に石垣が築かれることが多い。この石と石とのすき間もグループ 1 に該当する。その代表は城の石垣である。西日本の城についての調査結果によれば，イタドリ，クサギ，

カラムシ，ウツギ，コアカソ，ヤブソテツの出現頻度が高く，これらの種には石垣手入れ後の再生力が大きいものが多い[28]。クサギは地上部が除去されても再生が可能である。さらに地下茎や根は石垣の裏をまわって別のすき間から出芽することもできる。イタドリ，カラムシ，ウツギ，コアカソの場合は石垣の間でそれらの株が成長し，石垣から出た部分が刈り取られても，株の元は石垣の中で保護されるので再生が可能となる。シダ類のヤブソテツの場合も地下茎が肥大し，引きぬくことがむずかしい。

2.2.2 植ますの植生

街路樹の植ますと，道路の中央分離帯の植物を植えていない空間がグループ2に属する。そこに形成される半自然植生を京都市内で調査したところ[18]，前者の植ますではハコベ類，スズメノカタビラ，セイヨウタンポポ，ツメクサ，メヒシバ，ハルジオン，シロツメクサ，オオイヌノフグリ，チチコグサモドキ，オオアレチノギクが出現し，一年草の割合が高く，グループ1との共通種もかなり多かった。一方，後者の中央分離帯ではヨモギ，チガヤ，ヒルガオ類，ギョウギシバなど多年草が優占するのが特徴的だった。ただし，街路樹の植ますは近隣住民の管理状態によって植被率（植物によって地表面が覆われる割合）や種組成が隣接した植ますでもかなり大きく変動した。

次に人口・産業・物資が集中するために，緑地が減少し大気汚染などがみられる都市化の進行が，植ます内の植生に及ぼす影響について解析した事例について述べる。調査当時，都市化の進行しつつある千葉市郊外の花見川地区と都市化の最も進んでいる東京都心の日本橋およびその中間に位置する千葉大学西千葉キャンパス周辺，千葉駅周辺（いずれも千葉市内）の計4地区（各地区は東京駅を中心とする50km圏内）の植ます植生について調査した[6]。その結果，都市化が進行するほど，植ます当たりの各種の優占度の合計から求めた植物体量が極端に減少し（図2-3a），植ます内の植被率が小さくなった（図2-3b）。また，都市化の進んでいる日本橋ほど出現種数が減少しているのがわかった（図2-3c）。

4地区に出現した代表的な種についてみると（表2-1），エノコログサ，メヒシバなどの夏型一年草とオオイヌノフグリ，オランダミミナグサなどの冬型一年草は郊外の花見川地区の植ますで出現頻度が最も高く，都心の日本橋地区では夏型一年草のオヒシバだけが出現した。これに対しミチバタガラシ，ハコベ，スズメノカタビラなどの全年型一年草はすべての地区に出現した。またこの全

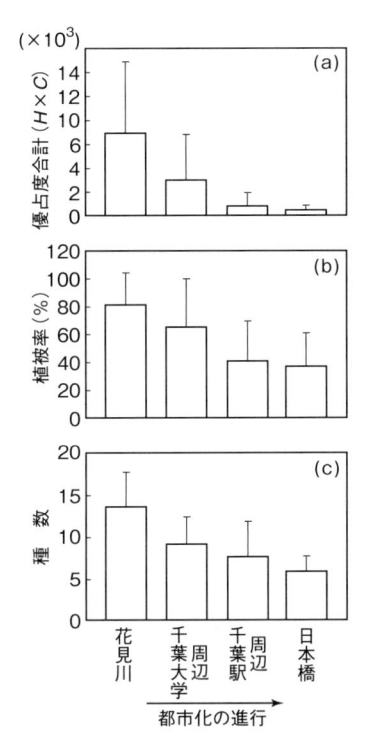

図 2-3 都市化に伴った各調査地点での植ます雑草群落の属性の変化。(a) は 1 植えますあたりの全種の優占度の合計の平均値，(b) は 1 植ますあたりの植被率の平均値，(c) は 1 植ますあたりの種数の平均値を示している。棒グラフ上のバーは平均値 +SD（標準偏差）を示す。また調査地は右に行くほど都市化が進行した地点になるように配列してある[12]。

年型一年草はそのほとんどの種が郊外から都心部まで広い地域で優占していた。

二年草はオオアレチノギクがすべての地区で出現頻度が高く，優占種でもあったが，ヒメジョオンは花見川地区に特異的なものであった。多年草はカタバミ，セイヨウタンポポ，ハルジオン，オオバコのように生育範囲の広い種と，ヨモギ，セイタカアワダチソウ，ススキのようにまだ都市化の進んでいない花見川地区に集中的に出現するものに分かれた。

以上のように，一般的に都市化がまだ進んでいない郊外の植ますでは植被率が高く，群落の高さも比較的高く，密な群落を形成することがわかった。そのような場所ではタチイヌノフグリ，ホトケノザといった冬型一年草と，メヒシバ，エノコログサ，オヒシバなどの夏型一年草が季節的に交替しながら群落を

表 2-1 調査地区 4 地点での種ごとの出現頻度（4 地点のいずれかの地域での出現頻度が 25%をこえる種だけを主要構成種としてこの表にあげてある）[12]。

調査地区 （プロット数）	花見川 ($n=20$)	千葉大学 ($n=18$)	千葉駅 ($n=13$)	日本橋 ($n=12$)
夏型一年草				
オヒシバ	75.0	33.3	23.1	8.3
エノコログサ	75.0	27.8	53.8	
メヒシバ	55.0	38.9	38.5	
冬型一年草				
オオイヌノフグリ	40.0	5.6		
オランダミミナグサ	35.0	11.1	30.8	
全年型一年草				
ミチバタガラシ	40.0	16.7	30.8	66.7
ハコベ	40.0	66.7	61.5	66.7
スズメノカタビラ	35.0	61.1	46.2	75.0
ツメクサ	25.0	50.0	23.1	41.7
オニタビラコ	15.0	27.8	7.7	8.3
二年草				
オオアレチノギク	70.0	61.1	46.2	83.3
ヒメジョオン	60.0	5.6		8.3
多年草				
カタバミ	100.0	94.4	76.9	50.0
セイヨウタンポポ	85.0	77.8	84.6	50.5
ハルジオン	60.0	38.9	15.4	25.0
オオバコ	35.0	22.2	7.7	8.3
ヨモギ	50.0			
セイタカアワダチソウ	45.0	11.1		
ススキ	25.0			

維持している．一方，都市化の進んだ環境下にある植ますでは，植被率が常に低く，群落を作りあげている植物の種類の季節変化に乏しく，優占種（量的にとくに勝っている種）もあまり変化しない．

2.2.3 空地の植生

都市には住宅，工場，スポーツ施設などさまざまなタイプの跡地が点在している．そして空地となった跡地は美観，防災，防犯，衛生上の問題から通例なんらかの植生管理が行われる．

都市内の空地として，東京都西部地区のスポーツ・レクリエーションや保養施設があった平坦な跡地の植生を調査した[22,26]．空地の総面積は約 3.6ha で住宅地や一部商業地に囲まれている．この空地は年 1 回，夏季に大型除草機に

2.2 半自然のサイズと植生

よって草本類や潅木の刈り取りを行う以外，人の出入はない。

施設跡地の全植生調査データを用いてクラスター分析した結果，空地になる以前の状態に対応するかのように，

- 赤土区：建物の跡地で表土の赤土が露出していた。
- 黒土区：野球グラウンドでローラーによる鎮圧が著しかった。
- 礫　区：コンクリート片や礫が捨てられた。
- 芝生区：野球グラウンド周辺の芝生地で芝が優占していた。

の4区にほぼ分かれることがわかった（表2-2）。このほか，人工芝のマットで被覆されたテニスコートもあったが，その跡にはわずかに蘇苔類が生育するだけで，草本類や木本類は発生しなかった。

空地となって4年弱が経過した2002年10月の各区の出現種数は黒土区（38種），赤土区（25種），芝生区（22種），礫区（16種）の順に少なくなった。赤土区ではシロツメクサ，セイタカアワダチソウなどの多年草が優占，セイヨウタンポポの出現頻度が高かった。一方，黒土区に発生した雑草の86％は夏型一年草のニワホコリとメヒシバであった。しかし，翌年2月になると越年草のハルジオンが増大した。

礫区ではコセンダングサ，エノコログサなどの一年草が優占した。匍匐型草本は出現しなかった。芝生区の平均出現種数は礫区と変わらなかったが，優占するシバのほか，セイタカアワダチソウ，ハルジオンなどロゼットを作る草本が多かった。群落中に占める帰化植物の割合は黒土区が38％でやや低かったが，他区は50％前後であった。

表 2-2　スポーツ・レクリエーション施設跡地の空地に出現した群落と土壌の特徴[26]。

項目 \ 区	赤土	黒土	礫	芝生
総出現種数	25	38	16	22
出現種数（m^2 あたり）	9.2±2.0	8.9±2.6	5.7±1.8	5.8±2.5
帰化率（％）	55	38	50	53
散布器官型：風散布型（％）	47.7	4.1	47.5	76.3
散布器官型：重力散布型（％）	38.9	95.5	8.9	18.5
多様性指数（H'）	1.9±0.42	1.58±0.52	1.05±0.59	1.04±0.54
遷移度（DS）	165.5	61.4	81.4	171.8
土壌硬度	15.3±1.8	31.5±3.2	—	20.8±1.1
土壌 pH	7.5±0.16	7.2±0.32	8.5±0.06	6.1
土壌含水量	30.3±5.4	23.9±2.4	18.4±6.9	33.2

各区の植被率は，芝が優占する芝生区で，どのプロットも100％近くあり，明らかに大きかった。次いで黒土区と赤土区が70％台で，礫区が56％であった。しかしながら礫区の優占種であるコセンダングサは草高が50～60cmに達するため，その地上部現存量は最大となった。

　構成種の散布器官型の割合は，風散布型が芝生区で明らかに多く（76％），次いで赤土区と礫区が48％でほぼ同じ値を示した。一方，黒土区では圧倒的に重力散布型（96％）の種子をつけるものが多かった。

　多様性指数は赤土区，黒土区，礫区，芝生区の順に低く，グラウンドだった当時植栽したシバが圧倒的に優占する芝生区の値が最も低かった。

　遷移度（DS値）は黒土区，礫区，赤土区，芝生区の順に増大した。ただし芝生区のDS値にはかって植栽したシバの値が含まれる。多様性指数や遷移度の意味や求め方は第III部で詳述した。

　空地となって4年弱が経過しても調査地の土壌表層付近の物理・化学性は空地になった直後の立地環境の違いを大きく反映していた。すなわち，土壌硬度は野球グラウンド跡（黒土区）が明らかに高く，次いでグラウンド周辺の芝生地（芝生区），建物跡地（赤土区）の順に低下した。また黒土区内の土壌硬度と含水率には，1％レベルで有意な正の相関（$y = 0.74x + 11.6$）が認められた。

　土壌pHは礫区が高くアルカリ性を示し（8.5），黒土区（7.2）が中性で，芝生区（6.1）はやや酸性を示した。

　建物を取り壊した跡地の赤土区の草本群落は，4年近く経過すれば一般によく観察されるようにセイタカアワダチソウの単一群落になる[24]と推察された。しかし実際は4年間，毎年1回刈り取りした結果，2002年10月の赤土区では，その平均出現種数と多様性指数値が4区中で最大となり，さまざまな生育型を示す草本類がセイタカアワダチソウと共存していた。

　黒土区は空地になる前は野球グラウンドとして利用された場所で，ローラーによる土壌表層の鎮圧が頻繁に行われた。その影響は4年近く経過しても残り，2002年10月の平均硬度指数は31.5mm±3.2mmであった。この値はほぼ植物根の伸長成長が停止する29mm[14]を上廻るものである。そのため踏圧に強いスズメノカタビラ，オヒシバ，メヒシバなどのイネ科草本が出現種の大半を占めた。ところが2003年6月になると硬度指数は23mmまで低下し，ヤハズソウがグラウンド全面を覆いつくした。ヤハズソウの生育と土壌硬度の間には負の相関がみられた[26]。グラウンドの2002年10月における風散布型草本が

占める割合はわずか4%であり，少なくとも，空地となった初期はグラウンドの表層が植物根の伸長を阻害するほど硬かったので，区外から風散布された多くの種子の定着が阻害されたのであろう．黒土区植生の96%は近傍に生育していたものと同じ重力散布型種子をもつイネ科草本であった．

礫区の植被率と出現種数は他区より少なく，野球グラウンドに次いで遷移の進行が抑制された．これには土壌表層に敷きつめられたコンクリート片や礫から浸出したアルカリ成分による土壌pHの上昇が関与していた可能性が高い．ただし熱帯アメリカ原産の一年草であるコセンダングサの発生量は特異的に多かった．そのアルカリ土壌に対する反応について今後の研究が待たれるところである．

芝生区に植栽されたシバの被度は大半の地点で90%以上であった．シバは旺盛な生育と被覆性をもつので，侵入してくる雑草の生育を抑えつける力をもっているが[13]，シバの草丈は6cmから13cmであり，一度大型多年草が定着すると，それとの競争に勝ることはむずかしい[13]．そのため当該芝生区にもセイタカアワダチソウ，ハルジオン，オオアレチノギクなど草丈が伸びる一方，生活様式の中に一時的にでもロゼットの形態を示し刈り取りや踏み付けに耐えられる種が多数発生した．

空地になってから4年近く経過しているにもかかわらず，シバが優占していた原因として年1回の刈り取り管理が大きく関与していたことは，刈り取りを中止した2003年はヒメジョオン，セイタカアワダチソウ，オオアレチノギクの優占度が顕著に増大したことからも明らかである[26]．

本調査地のどの区も遷移度（DS値）は200以下で，多年草のススキの出現が確認されなかったので，いまだに越年草の優占するヒメジョオン期にあったことになる[5]．このようにスポーツ施設として利用されなくなっても植生の移り変わり（二次遷移）が顕著に抑制されたのは，年間1回の草刈りというかく乱を継続しているからである．加えて，黒土区では土壌表層の鎮圧が，礫区ではコンクリート片などによるpHの上昇，芝生区ではシバによる被覆が侵入植物の発芽・定着を抑制していた．

2.2.4 斜面地の植生

都市内ではかなりの緑地面積を占めている斜面地として，ここでは鉄道敷と高速道路の法面（斜面地）および河川堤防法面を例に植生の特徴をみていこう．

少し古いが，1981年に旧国鉄大阪局管内の鉄道敷を含む平面と法面をあわせ

調査した例では[9, 10]，都市部の鉄道敷やその法面で最も優占していたのはススキ，セイタカアワダチソウ，チガヤ，クズ，エノコログサ類であり，次いでメヒシバ，オオアレチノギク，ヒメムカシヨモギ，ツユクサ，ヨモギが多かった。とくにセイタカアワダチソウは市街地に限定され，クズは市街地の盛土法面で多かった。また前年に線路拡張工事が行われた場所はヒメムカシヨモギあるいはオオアレチノギクが目立った。ススキやセイタカアワダチソウなどの大型多年草が優占してくると，見通し不良やそこが近隣人家に影響する病虫害の発生源となるので適切な除草剤によって管理する必要がある。しかしその多くは刈り取りや除草剤を散布しても，残った地下部から再生してくることが多く毎年管理をくり返さなければならない。

　高速道路など道路の法面は都市内ではコンクリート壁となる場合も多いが，緑化する場合は施工時にトールフェスク（オニウシノケグサ），ウィーピングラブグラス（シナダレスズメガヤ），イタリアンライグラス（ネズミムギ）など洋芝といわれる牧草類の種子を吹きつけ初期緑化を行った後，基本的には周辺の在来植生まで遷移が進行するのを待つことになる。しかしクズが侵入した場合は夏季に洋芝などの初期緑化植生を被圧，枯死させ，冬季に落葉した後，そこに裸地を生ずることから豪雨が発生すれば法面浸食の危険にさらされる。クズは除草しなければならないツル植物である。また造成初期の「ススキが優占する約10年間は，とくに冬期から早春にかけて荒廃感から免れることはできない」[25]。しかし見方を変えればススキは日本を代表するイネ科草本のひとつとして位置づけることもできる。

　上述のように道路の法面緑化は原則的には自然の植生に戻せばよいが，図2-4のAおよびB帯は見通しの確保あるいは防護柵や標識を見えやすくするために草刈り管理を行って草本類や低木類で群落の高さを低く維持する必要がある。またD帯も沿道の土地利用状況によっては草地として維持しなければならない。このようなA，B，Dの各帯にはエノコログサ類，メヒシバ，シロツメクサ，カラスノエンドウ，ヒメジョオンなど全般的に鉄道敷より小型の草本類が多く，一年草も含まれるが，管理が粗放になると大型の多年草が優占するようになる。ガードレールやフェンスの部分は草刈りがしにくいので除草剤を散布することも多い。

　大河川の堤防法面はかなり規模の大きい都市内の半自然である。堤防法面はシバを植栽して造成されるが，その後の管理は年に1～3回の草刈りを行うだ

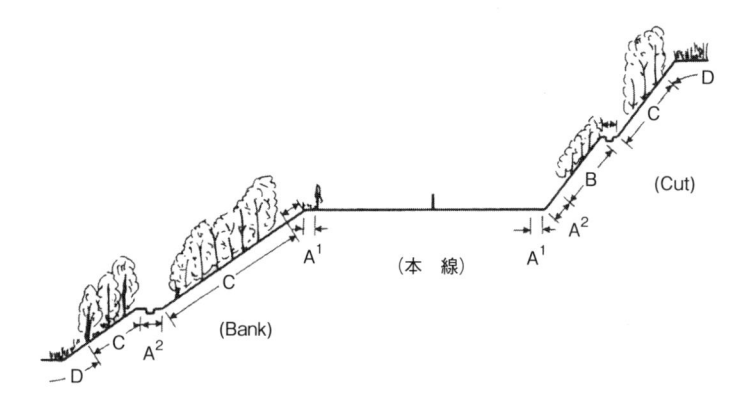

図 2-4 斜面法面場所別管理区分[25]。

けで，植栽当初のシバ群落はかなり踏圧がかかる場所を除けば維持できない。
　さえぎる物がない堤防法面は乾燥しやすく，また年に 1〜3 回の草刈りを行うことによって優占する草種は限られてくる[8]。利根川の堤防法面植生はその優占種によって，築堤後間もないシバ型堤防のほか，チガヤ型，外来牧草型，広葉型，オギ型に分けられる[19]。
　チガヤ型群落は根系で繁殖するイネ科の多年草であるチガヤを優占種とするもので，年 2〜4 回の草刈りで形成されることが多い。チガヤ型群落はチガヤの単一群落に近いものから在来植物種の多様性に富むものまで刈り取りの仕方でかなり種類数が変化する。
　チガヤの根茎は地下 45cm までを横走，分枝し，深さ 10cm 以内に全根茎の 80％が分布している[17]。またチガヤの根系量はシバよりも多く，堤防法面の表層崩壊防止効果が高いだけでなく，在来種の多様性に富んだチガヤ群落を形成することが可能であり，今後の河川堤防としてふさわしい植生と考えられる。
　イタリアンライグラス，ウィーピングラブグラス，ペレニアルライグラスなどの寒地型外来牧草が優占し，他にセイヨウカラシナ（冬〜春），メヒシバ，エノコログサ（夏〜秋）を含んでいるのが外来牧草型群落である。イタドリ，カラムシ，クズなどの大型の広葉草本が優占すれば広葉型群落となる。そこでは優占種の葉群による遮へいで光が十分下まで到達せず，地表面近くを被う小型の植物が生えなくなる。刈り取り回数が年 1 回まで減少すると草丈が 2m 近く伸長するオギ型群落になる。
　斜面地の植生として鉄道線路や道路の法面と河川堤防を取りあげたが，管理

法にはそれぞれ特徴があり，それを反映して発生してくる植物もかなり変化する。道路の法面は原則的には遷移の進行に委ねればよいし，河川堤防では年2回刈りが主流であるが，多くの市民が生活する都市内の斜面地では周辺の環境に応じて適切に管理する必要がある。

2.3 半自然のサイズと人間のかく乱
2.3.1 生育空間とかく乱

外部から侵入したり，土壌中に存在する生きた種子の集まりである埋土種子集団から発生した植物が生育する空間のサイズと，その管理法としてのかく乱頻度を上述した具体例に基づいて整理したのが表2-3である。この表から空間サイズが似ていても，それが形成された場によって管理の仕方と頻度が異なることが読みとれる。

グループ1の10cm×10cm以下の代表である歩道のすき間に出現する植物は通例1種であり，種多様性はない（図2-2）。そこは踏圧が高いため草丈が著しく抑制され，すき間内に数個体が生育する場合でも競争が起こるまで成長できないのが普通である。踏圧がまったくかからず，たまに抜かれたり，刈り取られる瓦屋根のすき間や石垣などの壁面に生える植物は草丈がかなり伸長し，木本類も混在するが近傍に競争相手がいないことが多い。このようにグループ

表2-3 都市内で自然発生してくる植物の生育空間サイズと人間による管理。

グループ番号	① すき間			② 植ます	③ 中央分離帯	空地	④ (斜面地) 道路線路法面	河川堤防法面
生育空間	壁・瓦	歩道	石垣					
かく乱の仕方								
火入れ								△
草刈り	○	○		○	○		○	○
踏みつけ		◎		◎				
草抜き	△	○	△	◎	○			
除草剤散布		△		△	△	○	○	

生育空間のサイズ (cm^2) (logスケール) 1〜9

かく乱頻度：◎頻繁，○ときどき，△まれ

1では種間あるいは個体間競争がなく，人間の管理という「かく乱」が直接，当該植物個体の成長に影響しているのが一般的である。

空間サイズがグループ2より大きくなると，市街地の植ますのように踏圧が歩道のすき間なみに高い場合を除けば，さまざまな生活史をもつ種が発生し，季節による一年草の入れ換えもみられる。そして同程度のかく乱圧が加わっても，土地の前歴など当該立地に固有の条件がかなり種多様性を左右する。加えて，さまざまな種が混在することの影響もある。たとえば草刈り頻度が増大した場合，ススキ優占群落内のススキ，ワラビ，ワレモコウは刈り取りによって現存量は少なくなるが，群落内の優占順位低下の程度は小さい。これに対してスミレ，キキョウは刈り取られると急速に群落内の順位が低下してしまう。反対にシバ，シバスゲ，ヒメジョオンでは刈り取られることで順位が上昇する[24]。このようにグループ2以上のサイズでは，かく乱が各々の種の特性に呼応して直接的に影響するだけでなく，かく乱によって上位優占種であるススキなどの地上部が除かれ，光環境が良好になるためシバやヒメジョオンの優占順位が上昇するというかく乱の間接的な影響もある。

2.3.2 かく乱の方法

都市の半自然植生は踏みつけ，草刈り，草ぬき，除草剤散布などのかく乱を受ける立地に成立している。かく乱とは「植物現存量の一部または全体を破壊することによって，植物現存量を制限するメカニズム」であるとJ.P.Grime (1979)は定義した。かく乱の頻度，かく乱を受ける規模などと多様性についてさまざまな研究が行われてきた[30]。なかでも2.2節で詳細に解説したように，その規模や頻度において中程度のかく乱のある生育場所で最も種多様性が高くなるというConnellの「中程度かく乱仮説 (intermediate disturbance hypothesis) (1978)」[1]やGrimeの「猫背モデル (humped-back model) (1979)」[2]はよく知られている。

群落の種組成に及ぼす影響はかく乱の頻度や規模が似ていても，その方法によって本質的に異なる場合がある。踏みつけ，草刈り，火入れ，放牧などはかく乱圧がある限界を超えない限り，植物体の部分的な破壊にすぎない。一方，草ぬきや除草剤散布は1回のかく乱によってそこに存在するすべての，または特定の種の個体を除去あるいは枯殺する。

前者の方法では一年草も含めかく乱後に再生可能なものも多く，大きな裸地空間は生じないから強度のかく乱を受けない限り群落構成種の劇的な入れ換え

は起こりにくい。さらに10月以降の冬期間に火入れする場合は地上の枯死部や木本類の地上部を焼くだけで草本類の現存量にほとんど影響しない。ところが後者の方法では除草剤散布で枯殺する場合も含め，当該植物の育っていた場から生きた植物が消失するという特徴がある。生きた植物がなくなり，個々に裸地化する面積が広ければ，ごく短期間に全体として大きな裸地が形成されるので，そこには初期成長の早い一年草や風散布型の種子をもつ帰化植物が広範囲にわたって定着しやすくなる。このように植物群落の種組成に及ぼす影響は両者で明らかに異なる。かく乱せず放置すれば遷移が進行する。

2.3.3 半自然植生の種多様性を決める要因

都市のグループ2以上の空間において多種の植物の共存を可能にしているメカニズムは非生物的メカニズムと生物的メカニズムに大別できる。

非生物的メカニズムとして，土壌の物理・化学性が群落の種組成や多様性に影響を及ぼしている。その詳細は6章で述べられているように土壌の硬度，水分含量，pH，有効態リン酸量などに対する各種植物の適応戦略の違いが，全体として種多様性に関与してくる。

生物的メカニズムとしては埋土種子集団のサイズや上述した人間によるかく乱の程度のほか，優占種の生育型や生活史と共存種の生態的特性が半自然植生の種多様性にかかわってくる。

空地や斜面地の土壌が埋土種子や有機物をほとんど含まない砂土（黄褐色砂壌土）の場合，優占種は一年草，越年草，多年草の順に年を追って移り変わる。一方，埋土種子を含む黒土（黒褐色軽埴土）では初年度はメヒシバ，アキノエノコログサなどの一年草が優占するが，初年度から埋土種子由来の種子も含め，合計24種も出現し，多様性に富んでいた。そして一年草・越生草・多年草混在期を経て4年目にはセイタカアワダチソウ，ヨモギ，ススキなどの多年草優占群落になった[20]。このように埋土種子集団のサイズは空地や斜面地の造成に用いた表土の種類によって大きく異なる。また利根川堤防の法面の一部にみられたように，種子の供給源となる多様性に富んだ群落が周辺に存在していれば埋土種子集団のサイズが増すであろう。

耕作放棄水田のように富栄養で土地の生産力が高く，刈り取りなどのかく乱を受けていない空地ではセイタカアワダチソウのような養分をよく吸収して大きくなる競争に強い優占種が密な草冠を形成しているため，そこに他種が侵入してきても庇蔭と落葉・落枝の堆積によって大半の植物は芽ばえることがで

2.3 半自然のサイズと人間のかく乱   41

きず，仮に芽ばえても枯死する．しかし，草刈りをある程度くり返せば草冠のうっ閉度が低下し多種との共存が可能になってくる．ここで侵入種が共存可能になるか否かは草刈りの頻度だけでなく，優占種の生育型戦術が重要な役割をはたす．

　草本植物が生育空間を確保する仕方としての生育型戦術[4]に着目すれば都市に自然発生する草本類も以下の4つのタイプに分けることができる（図2-5）．すなわち，

- **陣地強化型戦術（position fortifying tactics）**：特定の土地に立体的に葉層（葉群によって作られる層）を展開してその土地を占拠し，他の植物が侵入してくるのを防いでいる．しかし光に対する他植物との競争に負けて，

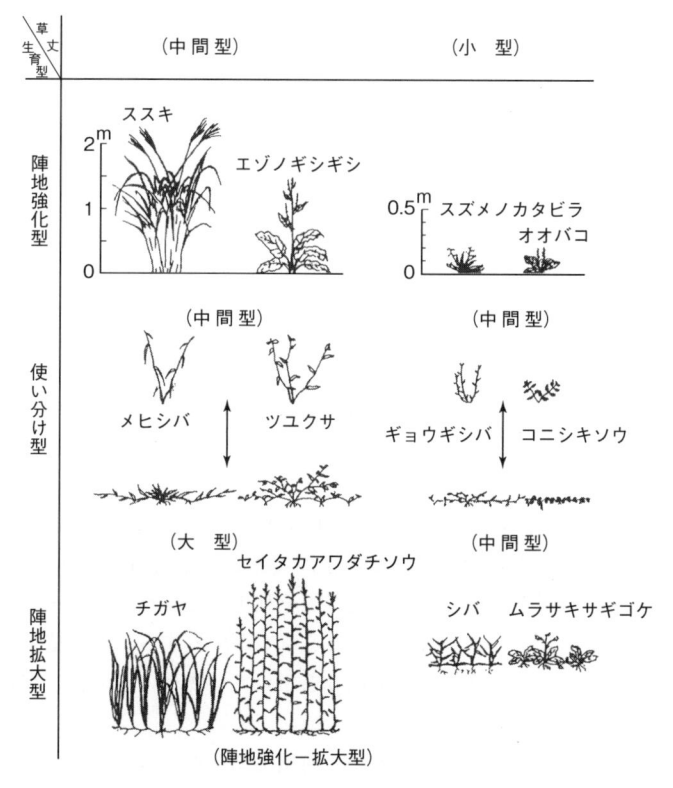

図 2-5　都市に自然発生してくる草本類の生育型と，その潜在的な草丈の大小にもとづく草本類のタイプ分け[23]．

種子を散布する前に枯死すれば，次世代の再生産が困難となる．ススキ，エゾノギシギシなどはいったん定着した場で草丈を高め，同時に葉面積を増大させて確実に定着し，他の植物を排除するこの戦術をとる．

● 陣地拡大型戦術（position extending tactics）：葉層を平面的に分散させ，さまざまな立地条件の土地へ進出し，行きあたった好適条件の土地での光合成によって生存している．はじめに定着した場所の葉層が枯死しても，他の地点に広がった茎から不定根が発生していれば，そこを中心に再度周辺に広がることも可能である．シバ，ヘビイチゴ，オオジシバリなどは，匍匐茎によって占有空間を拡大するこの戦術をとる．

● 使い分け戦術（unconstrained tactics）：周囲の環境条件に呼応して陣地強化と陣地拡大の2つの戦術を使い分けるもの．周囲を他の植物に取り囲まれたときは陣地強化的な生育型を示し，きわめて小さい個体でもしばしば生殖成長期にフェーズが転換し，花芽の分化がみられる．一方，周りに何もない裸地では多くの不定根を発生させ，著しく大きなジェネット（genet：一対の配偶子から有性生殖によってつくられた個体）を形成する．メヒシバやツユクサなどがこの戦術をとる．

● 陣地強化‐拡大型戦術（position forify-extending tactics）：立体的に葉層を展開する一方，地下茎によって周囲に広がっていく戦術で，生態系に及ぼすインパクトは非常に大きい．セイタカアワダチソウ，ヨシなどがこの戦術をとる．

上述した生育型戦術のうち，陣地強化型のススキが優占する，春先の火入れと秋に枯死した地上部の刈り取りを毎年継続実施した草地の模式図が図2-6である．図からわかるように落葉・落枝の堆積がなく，しかも陣地強化型という生育型に制約されて，ススキ群落内の20～30cm以下の地上部空間にはわずかな量の葉を展開するだけなので，その空間の光資源を利用することが少ない．そしてススキの葉層を透過してきた光資源を利用するシバスゲ，タチツボスミレ，ミツバツチグリといった耐蔭性のある草本が生育する．その結果，年1回の刈り取りと火入れを行うススキ草地はきわめて植物種の多様性に富んだものになった[24]．

年に2回の刈り取り管理を行っている河川堤防法面では，陣地強化‐拡大型のチガヤが優占する．この場合は刈り取ることで陣地を十分に拡大できず，チガヤの密な草冠は形成されない．そのため在来種の埋土種子や地下茎が存在す

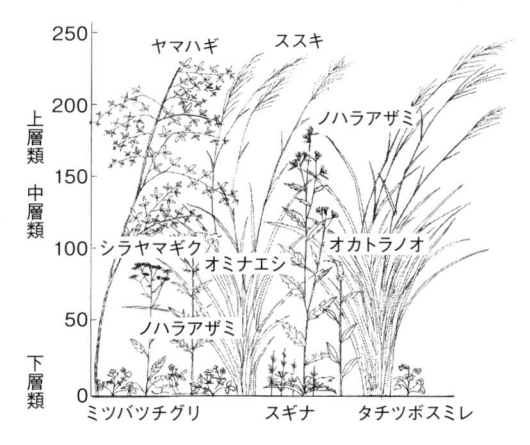

図 2-6 年一回の刈り取りとリターの除去によって維持管理されたススキ型草地の模式図[23]。

る場合には多様性に富んだ群落になる。以上のように刈り取りというかく乱の頻度と優占種の生育型が微妙に影響しあって多様性は決まってくる。

2.4 都市化と帰化植物

都市化が進行すると帰化植物の種数は増加するが，出現する植物の総数は逆に減少することが知られている[13]。**帰化植物**（naturalized plants）とは「元来その国に存在しなかったものの，人為的に他国から持ちこまれ，人の意図とはかかわりなしに野外で自力で繁殖できるようになった植物」のことであり[27]，都市での帰化率は，

1. 適度のかく乱と，それがもたらす十分な光環境
2. 在来植物にとっての環境の不適度
3. 帰化植物が侵入する機会

によって左右される[33]。

たえずかく乱を受ける場所に適応したかく乱依存種的な特性をもつ帰化植物は適度のかく乱によって侵入個体の定着が容易になり，逆にかく乱によって元から生育していた在来植物が枯死すれば帰化植物に置き換わる。大都市では周辺に多くの帰化植物が繁茂しているから侵入の機会も多い。このように在来植物の生存にとってマイナスに働くかく乱が，帰化植物ではプラスに働くから増加することになる。

これまで述べてきたように都市の半自然植生に加えられるかく乱の仕方は多様であり（表 2-3），それぞれのかく乱にみあった生態的特性をもつ帰化植物が優占してくる。都市化が進めば街路樹が植栽され，歩道のある大通りが市街地の中に広がり，商業地や宅地が造成され，斜面が切り開かれて高速道路が通り，鉄道線路が敷設される。河川堤防の整備も進むだろう。このようにしてできた空間は帰化植物が定着する格好の場となる。

踏圧がかかり，コンクリートから溶出した Ca の供給によるアルカリ化が進んでいる歩道のすき間や植ますにはハルジオン，セイヨウタンポポ（現在，首都圏や東海から名古屋にかけてと，京阪神ではニホンタンポポとの雑種が多い[15]），ウラジロチチコグサなど原産地では pH7〜8 の土壌に生育していると考えられる帰化植物が多く発生する。

近年は橙色の花をつけるナガミヒナゲシ（図 2-7）の分布拡大も植ますで問題になっている。地中海性気候帯を原産地とするナガミヒナゲシは 1961 年，国内では初めて東京都世田谷区で報告された。90 年代後半以降，本州の内陸部や日本海側まで急速に分布を広げている。ナガミヒナゲシは夏季の暖温湿潤条件を経た秋季と，冬季の冷温を経た春季に多く発芽する特性がある[32]。かつては秋季に発芽した個体は冬季の低温によってほとんど枯死した。しかし近年は温

図 2-7　植ますに侵入したナガミヒナゲシは 5 月上旬に一斉開花する。

暖化あるいは都市の高温化で越冬できる地域が広がったことと，越冬個体は5月に開花するまでの生育期間が長く，春季発芽個体と比べ個体サイズが大きく種子生産量も多いことから，近年急速に広まった。

　ナガミヒナゲシの種子はとくに散布の仕組みがなく，重力にしたがって周辺に落下するのみである。そのため，どこにでも発生するのではなく，交通量の多い市街地の幹線道路の植ますから分布を拡大している（図2-8）[31]。

　宅地や商業地の造成地は最初に立地環境が大きく改変されたとしても，その後は市街地の空地と同様，かく乱程度が小さいので，カモガヤ，メリケンカルカヤ，ノハラナデシコ，シナガワハギなど植ますより大型の帰化植物が目立つようになる[13]。また表土が失われ貧栄養になった造成地ではシロツメクサ，アカツメクサ，シナガワハギ，ウマゴヤシなど窒素固定能をもつマメ科の帰化植

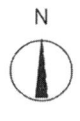

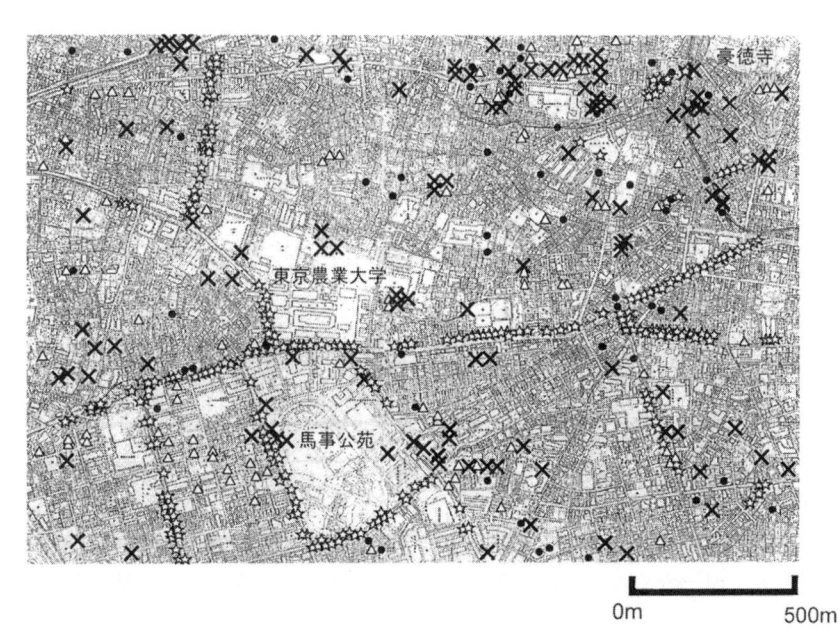

図2-8　幹線道路に沿って分布を拡大するナガミヒナゲシ。☆ 植ます，● 駐車場，△ 住宅地，× その他[31]。

物が目立つ[13]。

　道路や鉄道敷の法面では緑化植物としてヨーロッパ原産のトールフェスク（オニウシノケグサ），ペレニアルライグラス（ホソムギ），イタリアンライグラス（ネズミムギ）などの牧草が利用されるが，周辺に空地があれば帰化植物となって広がりやすい。

　河川は洪水など水による自然のかく乱を受けやすい河川敷と，定期的な刈り取りや火入れという人為的なかく乱を受ける堤防法面から成り立っている。治水，利水の目的で河川管理が行われ洪水が発生しにくくなると，河川敷にはセイタカアワダチソウ，オオブタクサ，オオオナモミ，コセンダングサ，アメリカセンダングサ，オオアレチノギク，オニウシノケグサ，ネズミムギなどの帰化植物が繁茂する。一方，シバ張りして造成した河川の堤防法面は，その後，頻繁な刈り取りがないため，やがてチガヤを優占種とする半自然草地に遷移する。しかし刈り取り時期や回数が適切でないと，河川敷で優占していたイネ科のオニウシノケグサやネズミムギ，マメ科のシロツメクサ，アカツメクサ，コメツブウマゴヤシなどのヨーロッパを原産地とする帰化植物が侵入し優占種となる。

　オニウシノケグサ，ホソムギ，ネズミムギなどのイネ科の帰化植物（牧草）の中にはエンドファイト（endophyte）といわれる帰化植物に害を与えることなく共生的に生活する微生物をもつものがある[29]。北米でオニウシノケグサのエンドファイト感染を操作する野外実験を行ったところ，エンドファイトとの共生が生物群集の多様性を低下させることが明らかになった[29]。日本の堤防法面でもエンドファイトに感染したオニウシノケグサが優占することで，多様性になんらかの影響がでているかもしれない。

　江戸時代末期から現代にかけ，日本の帰化植物の種数は加速度的に増加している[27]。都市内に形成される裸地・空地はこれら帰化植物の生育にとって格好の場であるが，そのサイズやかく乱の程度，土壌の理化学性の違いによって侵入・定着する種類や発生量は異なる。歩道のすき間には踏みつけに強く，硬くてアルカリ性の土壌でも生育可能な小型の帰化植物が，少しでも刈り取り管理をしていれば，そんな環境下で進化してきたイネ科やマメ科牧草が優占する。肥沃でかく乱のなくなった河川敷や住宅地跡では初期成長の早い大型のオオハンゴンソウやセイタカアワダチソウなどが優占する。

引用・参考文献

[1] Connell, J.H.: *Science*, **199**, pp.1302-1309,1978.
[2] Grime, J.P. : "Plant Strategies & Vegetation Processes", John Wiley & Sons, 1979.
[3] Kobayashi,T., Hori,Y.: *Grassl.Sci.*, **45**,95-97,1999.
[4] Nemoto,M., Mitchley,J.: Proceeding(1)of 15th APWSS, pp.394-399, 1995.
[5] Numata,N. : *Vegetatio*, **19**, pp.96-127, 1969.
[6] Ohtsuka,T.,Ohsawa,M. : *Vegetatio*, **110**, pp.83-96, 1994.
[7] Tansley,A.G. : "Practical Plant Ecology", pp.21-26, George Allen & Unwin LTD, 1923.
[8] 浅見佳世・服部保・赤松弘治：造園雑誌, **58**（5）, pp.125-128, 1995.
[9] 伊藤操子：『雑草学総論』, pp.306-307, 養賢堂, 1993.
[10] 伊藤操子：市街地環境と雑草, 日本雑草学会第16回シンポジウム講義要旨, pp.13-28, 日本雑草学会, 2000.
[11] 大沢雅彦・達良俊・大塚俊之：都市における植生, 都市計画の基礎としての都市生態系の総合的研究III, pp.155-162, 1988.
[12] 大塚俊之：『生物–地球環境の科学（大沢雅彦・大原隆編集）』, pp.95-103, 朝倉書店, 1995.
[13] 北沢哲弥：都市–里地地域における生態系のパターンと成立に関する研究, 99pp., 東京大学大学院新領域創成科学研究科博士論文, 2003.
[14] 近藤三雄：『造園用語辞典（第2版）』, 東京農業大学造園科学科編, pp.381-382, 彰国社, 2002.
[15] 芝池博幸：『農業と雑草の生態学（種生物学会編）』, pp.115-119, 文一総合出版, 2007.
[16] 須藤裕子・高橋優樹・小笠原勝：雑草研究, **51**（1）, pp.1-9, 2006.
[17] 冨永達：雑草研究, **38**, pp.82-89, 1993.
[18] 冨永達：市街地環境と雑草, 日本雑草学会第16回シンポジウム講義要旨, pp.1-11, 日本雑草学会, 2000.
[19] 戸谷英雄・瀬川淳一：河川環境総合研究所報告, **13**, pp.153-169,（財）河川環境管理財団河川環境総合研究所, 2007.
[20] 中村俊彦：『千葉県の自然誌：本編5, 千葉県の植物2』, pp.534-561, 千葉県史料研究財団, 2001.
[21] 矢野恒太記念会：『日本国勢図会（第66版）』, pp.51-69, 矢野恒太記念会, 2009.
[22] 根本正之・村山英亮：雑草研究, **49**（別）, pp.20-21, 2004.
[23] 根本正之：『雑草生態学』, pp.93-127, 朝倉書店, 2006.
[24] 林一六：日生態会誌, **44**, pp.161-170, 1994.
[25] 三沢彰：『のり面緑化の最先端（小橋澄治・村井宏編著）』, pp.200-208, ソフトサイエンス社, 1995.
[26] 村山英亮：都市空地に発生する雑草群落に関する研究, 44pp., 東京農業大学大学院農学研究科修士論文, 2004.

[27] 森田弘彦：『雑草生態学』，pp.128-152，朝倉書店，2006.
[28] 矢野悟道：『日本の植生：侵略と攪乱の生態学』，pp.62-72，東海大学出版会，1988.
[29] 山下雅幸：『農業と雑草の生態学（種生物学会編）』，pp.95-113，文一総合出版，2007.
[30] 山本進一：『攪乱，生態学事典』，pp.72-74，共立出版，2003.
[31] 吉田光司・亀山慶晃・根本正之：農学集報，**54**（1），pp.10-14，東京農業大学，2009.
[32] 吉田光司・金沢弓子・鈴木貢次郎・根本正之：雑草研究，**54**（2），pp.63-70，2009.
[33] 鷲谷いづみ・森本信生：『日本の帰化植物』，pp.88-93，保育社，1993.

3 里山と谷津田の生物多様性

 本章では，人間による活動と密接に関連しながら成立し，したがって私たちにとって身近な存在でもある農村地域に注目し，その植物多様性について紹介する。農村地域の植物の多様性を扱うにあたり，里山と谷津田という2つのキーワードを設ける。農村地域にあって人間による日常的な利用によって維持されてきた，樹林地や草地を示す里山と，狭い谷あいの小規模な水田を指す谷津田では，ともに多様な植物が生育する。一方で，2つの立地の植生管理方法や立地条件はそれぞれ異なることから，植物の生育を規定する要因は両者の間で異なる。この2つの土地利用を例に，農村地域の植物多様性や多様性をもたらす要因について紹介したい。

3.1 里山の植物多様性
3.1.1 里山とは

 過去の日本の土地利用を面的に把握できる貴重な資料のひとつに，近代的測量方法によって測図された日本初の地形図である迅速測図が挙げられる。この迅速測図を見ると，現在ではビルが林立する東京都渋谷区の渋谷駅周辺が，明治時代の1880年代には，水田や畑が広がり，量は多くないが雑木林も散在する農村であったことがわかる。国木田独歩は，明治30年代に東京郊外を見聞し，当時は注目されていなかった身近な自然の情景を『武蔵野』として著したが，当時，独歩の住まいであった渋谷村（現在の渋谷）自体も，農村的な景観が広がる地域だったのである。このことは，人間によって管理されてきた里山的景観は，かつては今以上に身近な存在だったことを示す。

 里山という言葉は，必ずしも学術的に定義された用語ではない。環境省の定

義によると[1]，**里山**は，奥山と都市の中間に位置し，集落とそれを取り巻く二次林（3.1.2項参照），それらと混在する農地，ため池，草原等で構成される地域概念である。こうした定義に該当する「里山」は国土の4割に達するとされる。里山と対になる**奥山**とは，山菜採りや狩猟として利用されているものの，日常的には立ち入らない，人間の居住地から離れた樹林と定義される。一方，里山をより狭い意味でとらえることも多い[20]。たとえば，里山を二次林や採草地を里山として定義し，環境省の定義する農村景観の概念を持つ用語としては「里地」が用いられる場合もある。このように，里山は幅広く解釈しうる用語である。本章では，里山と谷津田を分けて紹介する都合上，人間の頻繁な管理が加わって維持されてきた森林や草地，したがって平地林のように地形が平坦な場所に立地する樹林地も含めるが，水田や畑地，集落は含めない土地利用タイプを，便宜上，里山と定義する。

3.1.2 里山と雑木林

里山を構成する樹林では，木材は建築用などの用材としてあるいは薪炭材として，落葉落枝は肥料として利用されてきた。自然の恵みを効率的に享受するため，里山では，利用価値の低い樹種が伐採されたり，草本が定期的に刈り取られてきた。こうした人間による里山に生育する植物の管理は，**植生管理**とよばれる。人間による伐採や火入れなどで自然林が破壊された後で，遷移の途上にある森林を**二次林**とよぶ。反対に，ある場所において，植物群落の変遷の結果，最終的に安定して成立しつづける植生を**極相**とよび，極相の状態で存在する森林を**極相林**とよぶ。里山において極相林の分布は限られており，それに近い姿をとどめる森林は，寺院や神社など鎮守の森として人間の植生管理がなされずに維持された場所に残存するにすぎない。

二次林には，用材林としての利用を主要な目的としたスギ林，ヒノキ林などの針葉樹林も存在するが，一般には薪や炭の原料，農家の生活に必要な資材として利用されてきた樹種からなる雑木林が大面積を占める。日本の雑木林の構成樹種は地域によっていくつかに大別される[24]。なかでもコナラ二次林は最も一般的な林であり，九州（暖温帯）から東北地方（冷温帯）にかけて広く分布する。コナラ二次林の分布域よりも冷涼な地域にあたる本州中部から北海道には，ミズナラ二次林が分布している。一方，九州の西部と南部，四国南部，紀伊半島，東海地方の太平洋岸，伊豆半島，房総半島などの温暖な地域には照

---

1) 環境省ホームページ：http://www.env.go.jp/nature/satoyama/top.html

3.1 里山の植物多様性

葉樹の二次林がみられる。照葉樹二次林は，シラカシやアラカシ，アカガシなどのカシ類や，コジイ，スダジイなどのシイ類，タブノキ，マテバシイなどが主要な樹種となっている。福島県南部以南の地域では，アカマツ，クロマツの二次林も広く分布している。

　雑木林における木材の伐採はふつう10～20年周期で行われ，定期的に伐採されてきた本来の雑木林では，樹高が10m程度とそれほど高くない樹林が形成される（図3-1）。雑木林は，伐採した切り株から新しい枝を伸長させ，成長した枝を伐採する萌芽更新とよばれる方法で管理されてきた。コナラをはじめとするコナラ属の樹種は，樹木に蓄えた栄養分を根の部分に多く蓄える性質を有し，地上部伐採後の回復が早い。このため，萌芽による樹木の更新が雑木林の有効な手段となっているのである。萌芽更新したばかりの枝は折れやすいため，伐採から数年間は放置しておき，数年後，灌木が生い茂る状態となったところではじめて不要な樹種を伐採する。このとき1株あたり2～3本の枝を残してそれ以外の枝は切り落とすため，根元から2又3又に分かれて成長した樹木の並ぶ，雑木林に特徴的な樹林ができあがる。また，落葉は肥料として利用され，その収集の支障とならないよう，林床の植生はきれいに下刈りする。

　雑木林から得られた炭を都市住民に供給するという，都市と農村を結びつける体系的な利用が確立されたのは，意外に新しく，近世の江戸時代以降とされている。それ以前，里山は草地としての利用も盛んだった。草本バイオマスは水田や畑地の肥料として，また農耕用や運搬用として利用する牛馬の餌として，

図3-1　継続的に利用されているコナラ雑木林。混生するアカマツ成木と比較すると，コナラは樹高が低く幹径も小さいことがわかる。東京都町田市（田極公市氏撮影）。

農家にとっては重要な資源だった。農村において居住地や耕作地以外の土地利用であってももっぱら森林や草地を指す「ヤマ」とよばれる土地利用のうち，刈敷や餌を採取するための草柴系の土地利用がヤマ全体の60%に達していたという江戸時代の記録も存在するという[25]。日本列島において人間による森林への積極的な働きかけが始まったのは，少なくとも数千年前にさかのぼることができる。このころすでに，阿蘇地域や近畿地方では大規模な森林火災が頻発していたことが，土壌に含まれる微小な炭素粒子（微粒炭）の分析からわかっており，その火災の主要な原因として人間による焼畑などの森林利用が考えられている[25]。

3.1.3 里山の植物多様性

里山の二次林の地表部（林床）には，数多くの植物種が生育している。たとえば，北川らの調査では，林床$100m^2$あたり50〜70種程度の種が確認された[16,17]。二次林では，定期的な植生管理に伴って林床まで直射日光が到達する。このため，二次林林床に生育する植物種は，おもに，つる性植物や灌木を多く含む林縁性植物，多年草を中心とする草原性植物などから構成される[1,16]。日本では里山や草原の管理放棄が全国的に進んでおり，よく管理された環境に生育するこうした植物種は生物多様性保全上，重要な種群となっている。

管理された雑木林の林床植生におけるもうひとつの特徴的な植物は，春植物である。落葉広葉樹林では，樹木が展葉するまでの春先にはとくに林床への相対日射量（全日射量のうち樹木に邪魔されずに林床まで到達した日射量の割合）が増加する。たとえばコナラ二次林では，夏季の相対日射量は十数%，暗い林分では5%程度となるが，落葉期の林床の相対日射量は60%程度まで上昇するという報告もある[14]。このような日射量の季節変動に適応した生活史を有し，早春になると地上に姿をあらわし樹木が展葉して林冠が閉鎖すると地上部は枯死して休眠状態となる種群が春植物（スプリングエフェメラル）である。春植物を厳密に定義することは難しいが，一般的には，キンポウゲ科のイチリンソウ，ニリンソウ，フクジュソウ，ユリ科のカタクリ，アマナなどが挙げられる。

地球上では過去100万年の間に何度も氷期が訪れている。現在，気候的には東京より北方に分布する落葉広葉樹林が，氷期には，東京付近で卓越した樹林を形成することも珍しくなかった。気温低下がとくに著しかった何度かの氷期には，日本列島は大陸と地続きとなることもあった。春植物や，明るい環境を好む草本植物・灌木からなる草原性植物の中には，大陸に起源をもち，こうし

3.1 里山の植物多様性

図 3-2 中国内蒙古自治区に咲くワレモコウとツリガネニンジンの仲間。中国内モンゴル自治区シリンゴル（北川淑子氏撮影）。

た時期に日本列島に渡って落葉広葉樹林の林床に生育するようになった種も多い（図 3-2）。一方，氷期後の温暖期になると，本州南岸の平地域では照葉樹林が分布を拡大する。照葉樹林の林床は，落葉樹林の林床に生育する種にとっては暗すぎる環境である。したがって，これらの種は温暖期になると，落葉広葉樹林の分布が移動するのに合わせて分布域を北方あるいは高標高地に移し，寒冷期になると再び分布を低標高，低緯度地域に広げた可能性が高い。最終氷期が終了した今から数千年前になると，照葉樹林が年間数十メートルのスピードで北方に拡大した。通常であれば，この気候変動によって落葉広葉樹の林床植物は太平洋南岸の平野部では姿を消すのであるが，この時期は日本列島の人間活動の拡大期にあたっていた。人間活動に伴ってナラ類を中心とする落葉広葉樹の雑木林が拡大したため，こうした種は，太平洋岸の平野部にも残存できたのであろう。こうした種の中には，カタクリのように関東地方南部では管理が行き届いた落葉樹林の，しかも北向き斜面に偏在する種も存在する。このように，かつては広い範囲に分布していたが今ではなんらかの理由で狭い地域に残存する種は（地理的）遺存種とよぶ。

3.1.4 里山の植物多様性に影響を及ぼす要因

二次林における人為管理程度，とくに管理に応じて変化する林床の日射量と林床植物の種類との間には密接な関係があり，植生管理の強度が低下するほど二次林林床の植物種数も減少する[23]。草原的環境に生育する種であるアキノ

キリンソウ，ヒヨドリバナ，アキカラマツなどは，相対日射量がおよそ25%以下の立地条件となる林床には見られない[7]。伝統的な農村の生活様式が大きく変化した1960年代以降，里山の植物を取り巻く状況は大きく変化した。日本の隅々にまで電気やガスが普及し，農業分野では化学肥料の普及が進んだ結果，里山における植生管理が行われることは少なくなった。この社会構造の変化が，里山の植物多様性の著しい低下を招く主要な要因になった。

都市近郊に存在する里山の中には，住宅地などの開発用地となり，大規模あるいは小規模な虫食い状に消失した場所も少なくない。開発などによって断片化された孤立林では，林内に生育しているそれぞれの種の個体数が少なくなる。こうした立地条件では，一般に，遺伝的多様性（ある1つの種の中での遺伝子の多様性）が失われる。遺伝的多様性が高いことは，種に含まれる個体の遺伝子型にさまざまな変異が含まれ，種として持っている遺伝子の種類が多いことを意味する。このような場合，環境が変化した場合にも，その変化に適応して生存するための遺伝子が種内にある確率が高い。逆に，孤立性が高まった小規模樹林では，残存する種の個体数が少ないうえに，遠くの樹林からの種子の飛来もほとんど期待できない。このため，孤立した小規模樹林の生物は，環境の変化に対して脆弱で，局所的な種の絶滅がおこりやすいといわれている。

光条件の悪化や樹林の孤立性の高まりに伴う種数の減少は，いずれもある均一な環境条件を有する林分（樹種や樹齢構成などの面で，隣接する樹林と区別可能な一区分の森林）で起こる多様性にかかわる現象である。このように同一の立地条件をもつ環境における，しばしば狭い範囲内の種多様性を α 多様性とよぶ。一方，多数の異質な樹林タイプが混在する里山では，地域を構成するすべての林分で観察される植物種数が，1つの林分よりもずっと多い。対象とするすべての環境の種多様性を γ 多様性とよぶ。また，異なる立地間の種多様性の違いにおける種の入れ替わりの程度（γ/α）を β 多様性とよぶ。多くの樹林タイプから構成される里山の，地域としての植物多様性を考える上では，この β 多様性も重要な指標である。

関東平野の里山に残存する常緑広葉樹林では，多湿で低い日射量下で生育する種が生育する。その種組成は二次林とは大きく異なる。また，同じ二次林でも，落葉広葉樹林のコナラ林と，常緑針葉樹のスギ林では林床植物がだいぶ異なる。たとえば50年前にコナラ雑木林がスギ林に転換された林分と，その周辺のコナラ雑木林が維持されている林分の間で，同面積の林床植生の種数や種

組成を比較すると，両者の出現種数は同様であったが，共通種は各林分で出現した種のうちの半分以下であった[2]。このように樹種の違いは，里山の林床植物の多様性に大きな影響を及ぼす。

起伏地に分布する里山では，微地形条件も植生に影響を及ぼす要因のひとつである。東京都町田市の丘陵地に残存する里山における林床植生の調査によると，樹木の伐採や林床植物の刈り取りなど，いくつか存在する植生管理の別のみならず，谷部に位置するか尾根部に位置するかといった微地形条件も植生に大きな影響を及ぼしていた[7]。より詳細に検討したところ，尾根部や斜面部では，林床植物の刈り取りよりも樹木の伐採で植物種数は増加がみられ，草原性植物や春植物も多数出現する傾向がみられた。一方，谷部では，全般に多湿で相対日射量が低い立地を反映し，ミゾシダ，リョウメンシダなどのシダ類や，ヤブラン，ミヤマカンスゲなどが生育した。さらに重要なことに，谷部では，管理の有無が植生に大きな影響を及ぼしてはいないことがわかった。この理由は，谷部は，四方を斜面で囲まれ，元来多くの日射が得られにくい環境となっており，管理を行った場合の光条件の改善効果が小さいためであろう。

3.1.5 イギリスの雑木林，コピス林

定期的な人為管理が施されている二次林は世界に広く存在する。なかでもヨーロッパでは，二次的自然に成立する生物多様性への関心が高く，二次林の植物相に対する研究蓄積も多い。ここでは，コピス coppice とよばれる萌芽更新法によって維持されてきたイギリスの雑木林 coppiced woodland（コピス林）について[1,14]紹介する。

イギリスは森林被覆率が低い国である。中世に80%程度あった森林率は，耕作地や草地の継続的な開墾の結果，20世紀初頭には国土の5%にまで減少した。その後，商業利用や環境保全のために植林が進んだが，現在でも森林面積は国土の10%程度である。

イギリスの森林のほとんどは人間によるかく乱を多かれ少なかれ受けている。コピスは，イギリスにおける二次林の代表的管理手法であり，20世紀の初めには25万ha（当時のイギリスの樹林面積の20%）を占めた。ただし1996年には，その面積は4万haに減少している。雑木林が国土に広範に分布する日本と比較すると，イギリスの雑木林はその存在自体が貴重な土地利用形態である

---

2) 東京大学大学院農学生命科学研究科附属演習林田無試験地における環境影響評価書作成にかかる植生調査データより．

といえる。

　コピスでは，日本の雑木林のように樹木を根元から収穫して再生させる。伝統的なイギリスのコピス林における最も主要な樹種であるハシバミ Hazel は樹高が最大 8m ほどにしかならない灌木である。一方，薪炭・木材利用が減少した現在では，クリ sweet chestnut が最も多く用いられる樹種であり，これらはホップ栽培用の支柱などとして利用される。また，ヤナギやポプラなどの樹種もよく用いられる。これらは 10 年以内という短いサイクルで切り出され，エネルギー用に利用される。伝統的なコピスでは，用材として利用するための高木が灌木中に混在することも多い。樹冠の被覆率は 30～50％程度となるのがふつうである。

　イギリスの雑木林に生育する植物で，最も保全的価値の高い種群のひとつに ancient woodland species とよばれるグループが挙げられる。これらは，穏やかなかく乱が起こる土地を選好するが，比較的低い日射条件への耐性を有する種である。これらの種は種子の移動能力が低いため，いったん林床からこれらの種が失われてしまうと，周辺からの移入はきわめて起こりにくい[9]。現存するコピスには，長期間にわたって樹林として利用されてきた林分と，半自然樹林 semi-natural woodland （これまで本章で用いてきた二次林とほぼ同義）とよばれる，他の土地利用として利用された履歴を持つ林分が混在するが，ancient woodland species の生育地は，種子の移動能力の低さのため，前者に限られる。一方，日本の場合と同様，コピス林では，樹林の伐採直後には，日本の二次林で保全目標種群のひとつとなる草原や林縁的な環境に適応した種の生育地にもなっている。

　コピスに類似した環境条件が残存する特殊な立地として，ヘッジローとよばれる生垣が挙げられる。イギリスの伝統的な農村では，家畜が逃げ出さないように，牧草地を区画する生垣が縦横に張り巡らされている。このヘッジローは，かつての雑木林が部分的に残存したものに由来することも多く，雑木林の植物種が生育する点で重要な立地となっている。そればかりでなく，ヘッジローは，点在する樹林の孤立性を緩和し，動物個体や植物個体群が林分と林分の間を移動するための重要な回廊（コリドー）として機能するとされている[2]。近年では，農村景観に分布するヘッジローの量（密度）が生物相の豊かさを測る指標のひとつとして評価されるようになっている[6]。

3.2 水田の生物多様性
3.2.1 水稲耕作と植物多様性

　水田は，日本の農村における生物の多様性を議論する際に，欠くことのできない重要な景観要素である。水田は，国土の数％もの面積を占め，人為により作りだされたとはいえ，国内最大級の湿地となっている。圃場（ほじょう）周辺には用排水路やため池など，水田とは異なる湿地的機能を果たす立地も多い。

　水田は，これまでに述べた里山を構成する二次林と比較すると，はるかに人間によるかく乱強度が大きい土地利用である。生態学分野で用いられるかく乱は，風，山火事，斜面崩壊など，生態系の安定を乱したり，遷移の進行を妨げる事象の総称である。水田圃場内では，かつては雑草管理のために年に2回以上の人力による除草作業が行われてきたし，現在ではほとんどの水田で除草剤が施用されている。繰り返し行われる土壌耕起も，刈り取りと異なり地下部を含めて植物体の全体を破壊するため，植物に大きなインパクトを与える。田植え直後の水田に深く水を張る深水処理も，土壌を嫌気条件とすることで雑草の発芽を抑制する一種の除草作業である。こうした人為かく乱によって植物の生育は著しく阻害されている。

　人間によるかく乱（人為かく乱）が強い水田では，水田の植物は著しく生育を阻害されてきたが，一方で，4章で述べられているとおり，水田，もっといえば農耕地に生育する種は，強度のかく乱に適応し，かつそうしたかく乱がないと生育しえない植物種群である。除草剤による雑草管理が始まる前の戦前に，日本の水田雑草が191種定義されている[15]。この種数は，これまで述べた二次林や草原に生育する種数よりも少なく，水田は比較的限定された種の生育地になっているといえる。

　水田の種の中には，戦後の圃場整備の進行や除草剤の普及によって分布を減少させた種も少なくない。現在，191種の水田雑草の中で19種が全国的に絶滅の恐れのある種とされ，それ以外の種にも，地域的には絶滅の恐れがある種が少なくない。実際，戦後に圃場整備が進んだ水田では，戦後に整備が実施されていない水田よりも田面に生育する植物種数が少ない（図3-3）。

　一方，筆者らは，茨城県南部の鬼怒川・小貝川流域の低地と，低地に隣接する筑波稲敷台地の狭い谷部（谷津）に分布する水田において植生調査を実施した。その結果，調査で確認された84種の中には，14種の地域的あるいは全国的に絶滅の恐れがある種が含まれた。この植生調査は，稲刈り後の9月後半か

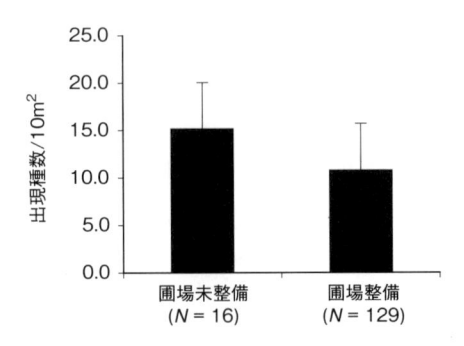

図 3-3 稲刈り後の圃場整備水田と未整備水田における出現植物種数の違い。1945年以降に圃場の整備が実施された水田を圃場整備地，それ以外を圃場未整備地とした。圃場整備の有無は，空中写真判読と現地調査によった。エラーバーは標準偏差を示す。

ら10月にかけて行ったのだが，近年，田植え機の普及や裏作が行われる水田が少なくなったことを反映して，水稲作の栽培時期は早まっている。以前よりも早期に稲刈りが終了した水田では，多くの植物種の生育に適した高温期に，裸地がより長期間出現するため，従来よりも数多くの種の生育に適した立地条件が長期間続く。今回の調査で出現した種は，除草剤の残効性が低下する秋の限られた期間に，新たな生育可能となる環境を見いだすたくましさをもった種であったといえる。

　この調査結果を詳しく解析したところ，興味深いことに，谷津に分布する水田と，平野部でかつての河川流路を水田としている場所には，それぞれの立地でしか確認されない絶滅危惧種が生育することがわかった。絶滅危惧種のミズネコノオやミズオオバコはかつての河川流路跡に造成された水田のみに生育した。これらの種は本調査地のさらに上流で頻繁に確認される種である。旧河道という立地は，出水時に上流からの土砂や，それに含まれる種子が供給されやすい立地であるため，そうした種が旧河道の水田で確認されたものと考えられた。一方，同じく絶滅危惧種のミズニラ，ヒロハイヌノヒゲは，谷津に分布する水田に特異的に出現した。谷津の水田は，谷頭から湧出した低温で貧栄養な用水を利用するため，貧栄養な立地を好むことが知られるこれら2種の生育適地になったのである。河川や湖沼の水際で水位の増減や増水によるかく乱を受ける自然湿地と，水田の圃場は，かく乱が頻発する（かく乱頻度が高い）湿地環境である点で類似する。上述した種の中には，かつては自然湿地を生育地としてきた種も少なくないと思われるが，本来の生育地がほとんど消滅してしまっ

3.2 水田の生物多様性

た現在でも，こうした種が，水田を代替的な生育地とすることで残存した可能性がある。

3.2.2 休耕田の植物多様性

日本の水田面積は，1969年には320万haに達したが，2008年には252万haに減少した。近年でも毎年1万〜2万haの水田で耕作が停止され[21]，全国に休耕田が広範に分布するようになっている。

かく乱後にみられる植生遷移のうち，地上植生は破壊されたが土壌や埋土種子などが残存した状態から進行する遷移を**二次遷移**という。水田耕作が停止されると，その後の植物群落の相観（見た目の様子）や種構成は，短期間で劇的に変化する。図3-4は耕作停止後の植生変化を5年間追ったものである。耕作放棄された1年目には，ムツオレグサや，図には示していないもののその後に高被度で区画を被覆したコナギが優占したが，優占種の合間には裸地もみられた。しかし，2年目になると1年目の優占種は著しく減少し，代わって多年草のイ（畳表の材料となるイグサの正式名称）が高被度を示すようになる。3年目になると，それまで圃場東側の畦近くのみに分布していた高茎多年草のヨシが急速に圃場を覆うようになり，4年目には圃場の半分以上がヨシで覆われ，見通しが利かない状態となった。この間，出現種数は毎年低下していった。われわれが多数の放棄水田を対象に植生調査を実施し，区画に記録された種数を休耕年数別に比較した結果でも，耕作田と長期間（4年以上）休耕された区画の種数は少なく，放棄後1〜3年目の区画では出現種数が多かった（図3-5）[28]。放棄後1〜3年目の種数の差異が明確でなかったのは，休耕年数以外にも区画の水分条件や個別の優占種によって，遷移過程に出現する種やその変化の速度が異

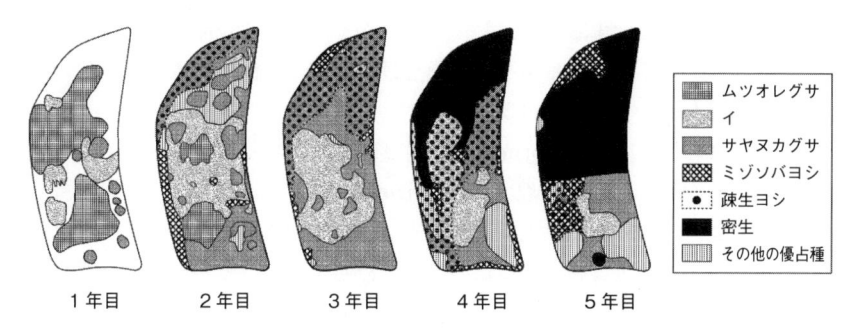

図3-4 休耕田における耕作停止後の植生遷移。

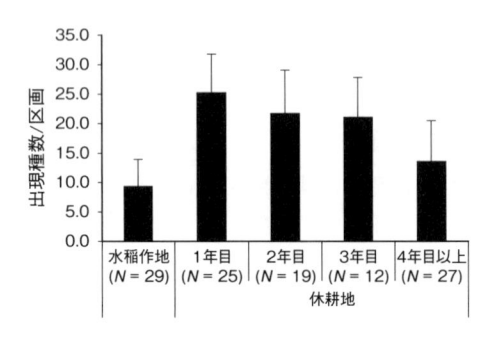

図 3-5　休耕年数別にみた休耕田における出現種数の違い。エラーバーは標準偏差を示す。

なるためである。

　放棄水田で観察された二次遷移は，Cornellの提唱した中規模かく乱説によってよく説明することができる[3]。Cornellは，オーストラリアのサンゴ礁域や熱帯雨林における観察を通して，自然かく乱や環境変動の頻度は，生物群集がそのかく乱イベントから十分に回復して平衡状態に達するよりもしばしば高い頻度で起こり，生物の多様性はそうした継続的に変化する環境条件の結果として発現するとした。そして，かく乱の頻度や大きさが中規模に起こっている状態で生物多様性が最大化することを中規模かく乱説として提唱した。遷移過程の植生変化は，中規模かく乱説の好例である[3]。すなわち，ある大規模なかく乱が起こると，その直後に裸地に存在する種子などの繁殖器官の数はわずかであり，この段階では，多くの種がかく乱地に定着するには時間が十分でないために多様性は低い。かく乱が頻発している群落ならば，植物群落の構成種は低いままである。かく乱の間隔がもう少し開くと，より多くの種の定着する時間ができ，多様性は増加する。しかし，さらにかく乱の間隔が開くと，限られた資源を最も効率よく利用する種や，多種を最も効率よく阻害できる種が他の種を減少させるため，多様性は再び低下する。

　休耕田の遷移過程では，Cornellの説明とは若干異なり，かく乱の直後に種数の増加が確認された。その理由は，Cornellが想定した遷移は，溶岩流や氷河の侵食によって作られた土地，岩盤の上など基質にまったく生物を含まないところから始まる一次遷移であったのに対し，水田における遷移は二次遷移であるためである[3]。水田の二次遷移では，富栄養な土壌，土壌中には大量の埋土種子が存在する。このために，かく乱が停止された直後（休耕1年目）に，

種数が最大化したのである。

3.3 谷津田とその隣接地の生物多様性

3.3.1 谷津田の定義

谷津（やつ）とは，主として台地や丘陵地，場合によっては一部の低山地に発達する，浅くて小規模な谷地形であり，谷津田（やつだ）とは谷津に分布する水田を指す。台地，丘陵地，低山地の定義は，台地は氾濫原からある一定の高度差を有する高地にある平坦な広がりをもった地形，丘陵地は台地地形が浸食を受けて平坦地がなくなり地表が凸凹状となったもので，尾根と谷底の標高の差（比高）が概ね300m以下の地形を指す[18]。低山地は，丘陵地よりは谷底と稜線の比高が300m以上と大きいものの，山地としてはなだらかな地形である。

谷津田では，その狭い谷幅ゆえに十分な圃場整備を行うことができず，耕作条件が不利な水田が分布することが多い。条件不利地はそうでない地域と比較して，水田の耕作放棄率が高いことが知られている[22]。その半面，条件不利地で耕作が続けられていた場合には，集約的農業を行うことが難しいために，伝統的な農業形態が続けられている場合が多く，そこには，結果として伝統的農業形態に依存する植物が残存する。とくに谷津田が発達する地域では，水田と樹林が入り組んでおり，水田と樹林の境界長が長くなる。このため，水面と樹林地を両方使う動物の高密度生息地となっており，多様な生物相をはぐくむ水田生態系の代表例としてしばしば谷津田が紹介される。

3.3.2 谷津田の分布

民俗学者の山田秀三がまとめたところによると，谷津（神奈川県，東京都，埼玉県の一部では同様の地形を「谷戸」とよぶことが多い）という言葉は，ほとんど関東地方特有の言葉である[26]。たしかに衛星写真を見ると，関東地方，とりわけその東部では，下総台地，常総台地，筑波稲敷台地，房総丘陵，喜連川丘陵，それに，なだらかな山稜によって特徴づけられる八溝山地が連続的に分布し，これらの地形域に谷津田が集中していることがわかる。一方，関東地方以外で谷津田が広く見られる地域は福島県の阿武隈山地周辺くらいである。こうした谷津田分布の地域差は，谷津田の基盤となる台地や丘陵地などの地形域が日本列島に均一に分布していないことに起因する。たとえば関東地方は，全国的にみて台地地形がとくに広範に分布する平野である。関東平野を除くと，

図 3-6 谷津田と棚田における水田景観。(上) 谷津田，栃木県芳賀郡茂木町。(山田晋撮影)，(下) 棚田，新潟県上越市 (光髙徳美氏撮影)。

台地が多い平野は，水田耕作が盛んでない十勝平野や根釧台地などに限られる。丘陵地は，台地と比べると分布は全国に広がっているが，九州，四国，近畿では少ない。また，日本海側の地滑り地帯として知られる丘陵地では，同じ丘陵でも入り組んだ高密度の谷はあまり発達せず，水田は，急傾斜地に立地する棚田として分布している (図 3-6)。こうしてみると，谷津田は，その知名度とはうらはらに，必ずしも日本の標準的な水田生態系とはいえない。

3.3.3 谷津田に隣接する斜面草地の植物多様性

さて，前述したように，谷津田の水田耕作では，谷頭から湧出する低温で貧栄養な用水を利用するために，ミズニラやヒロハイヌノヒゲなど，特徴的な水田雑草が生育していた。一方で，水田耕作は，畦畔，水路，ため池など，水田圃場以外の人工的に作り出された立地があって初めて成立するものである。水田やその周辺域を利用する生物には，湿地以外の立地を好適地とする種も少な

3.3 谷津田とその隣接地の生物多様性

くない。たとえば、傾斜地に立地する棚田では、田面間に築かれた広い畦（畦畔法面）が豊かな草原性植物の生育地となっている[12]。ひるがえって谷津田に関しては、水田と斜面の二次林が接する斜面部において特筆すべき植物多様性を有する刈り取り草地が成立することが明らかになってきた[5]。

谷津田では狭い谷底で水田耕作が営まれているため、斜面の樹木が谷にせり出すほどに生育してしまうと、水田耕作に必要となる日光が遮られてしまう。このため、谷津田での水田耕作に際し、水田に接する斜面の下端は定期的に草刈りされてきた。水田と隣接する斜面樹林では所有者が異なる場合が多いが、耕作者が斜面下部の刈り取りを行うことが許される慣習が存在する。東京都町田市では、日光を遮りがちな北向きの斜面（水田からみると南側の斜面）では、三間（5m程度）の高さまで、斜面の草刈りを行ってよいということを意味する「南 木障三間通り」という慣習があった。この刈り取りは、田植えが終了してからの6月前半と、お盆前後の8月上旬から下旬に行われることが多い。斜面角度が50°に達するため、深い谷に立地する谷津田では、時には、はしごを用いて草刈りが行われる光景を目にすることもある。このような谷津田に接する斜面下端の草地を、私たちは**裾刈り草地**とよんでいる（図3-7）。

裾刈り草地の植生を詳しく調べた結果、この草地には、$1m^2$ あたり平均30種以上、$10m^2$ には70～100種程度の植物種が生育していた[16]。裾刈り草地は線状で幅の狭い立地であるため、上述の $10m^2$ の植物種数を調査する際には、斜面下端の $1\times10m$ の範囲を調査対象とした。こうした線状立地は周辺からの種の移入がおこりやすいことが知られている[4]。したがって、この細長い形状

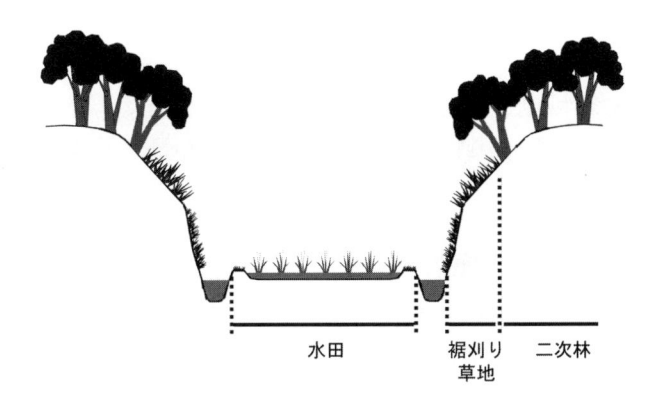

図 3-7 谷津における地形横断面模式図と裾刈り草地の位置。

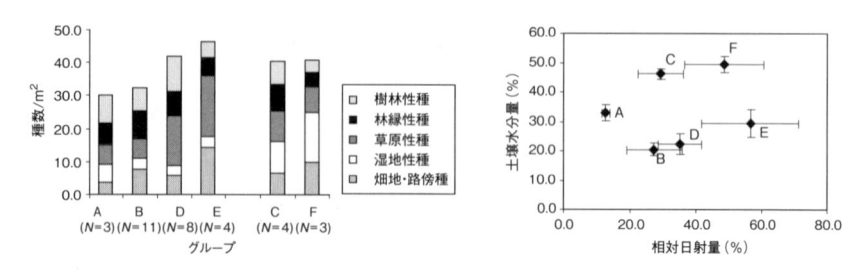

図 3-8 裾刈り草地における立地条件と成立植生タイプの対応。エラーバーは標準誤差を示す。

が裾刈り草地の多様な植物多様性をもたらす一因になっていると考えられる。実際，裾刈り草地は，水田や畦畔を主たる生育地とする一年草や，樹林地を主たる生育地とする木本植物がいずれも出現する立地となっていた。また，裾刈り草地は，その急傾斜の立地ゆえ，表土が継続的に斜面下方へ移動し，刈り取りされた植物体もすみやかに谷底へ落ちる。このように裸地環境が出現しやすい立地であり，移入した種が発芽・定着しやすい立地となっていることも，多様な植物多様性をもたらす一因であろう。

裾刈り草地には，畑地・路傍，湿地，草原，林縁，林床といった幅広い生育地を特徴づける種が生育する。こうした，本来さまざまな立地に生育する種の分布は，裾刈り草地が位置する斜面方位や光環境，水分環境など変化の大きい裾刈り草地の立地条件とよく対応している（図3-8）。すなわち，樹林性，林縁性植物を主体とするグループ（グループA，B）から，草原性，樹林性，林縁性植物を主体とするグループ（グループD）を経て，草原性，畑地路傍植物を主体とするグループ（グループE）へと変化した。また，過湿な立地の2グループ（グループC，F）では，いずれも湿地性植物が多く確認された。谷壁斜面端における光条件の大きな環境傾度は，管理によって現れたものであり，とくに草原性植物や一部の湿地性植物には裾刈りによる光環境の改善が大きな影響を及ぼしていた。

3.4 里山と谷津田の植物多様性

里山や水田，さらには谷津田周辺の裾刈り草地では，自然立地条件と人為管理強度に対応した，多様な植物が生育することがわかった。それでは，里山や谷津田を含む農村地域には，いったいどれほど多くの植物種が生育するのだろうか。

3.4 里山と谷津田の植物多様性

ここに筆者も調査に参加した北川らの未発表データがある。北川らは栃木県芳賀郡市貝町の丘陵地で小規模な谷津田とその周辺の斜面林からなる約4haの地区を選び，そこに生育する植物種数を調査した。この調査では，調査対象域を谷底部，裾刈り草地，樹林部に分け，それぞれの出現種を記録した。結果を図3-9に示す。地区全体では470種の植物種が記録された。前述のように，面積としては圧倒的に狭い裾刈り草地の種数は，その面積の狭さを考慮すれば非常に多くの種数（273種）がみられた。しかし，ここでさらに注目すべきことは，裾刈り草地に生育する種の多くは樹林地や，谷底部分（とくに田面間の畦畔）と共通する種が多く，裾刈り草地のみ出現した種の数は少なかった（26種）ことである。つまり，この調査対象地においては，裾刈り草地は，種数は多いものの，この立地のみに出現した種数は少ない，換言すれば，裾刈り草地がなくなったとしても，地域の植物多様性は大きくは減少しないことが明らかとなった。ただし，この結果は注意して解釈しなければならない。図3-9をみると，裾刈り草地の出現種は樹林部の出現種とかなり重複している。本調査対象地はシイタケ栽培が盛んであり，そのホダ木として雑木林のコナラが今でも定期的に伐採管理されている。他方，現在，多くの里山では雑木林の伐採管理が行われなくなっている。樹林部の管理が行われなくなって林床の植物種数が減少すれば，それだけ裾刈り草地と樹林部の出現種の共通種数は減少するだろう。二次林が管理放棄されている，現代に典型的な農村地域では，地域の植物多様性に果たす裾刈り草地の役割は，今回の結果よりももっと大きくなる可能性が高い。

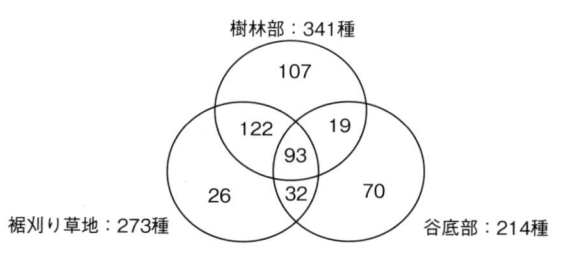

図 3-9 谷津地形が発達する農村地域の1小流域（4ha）に出現した立地別の植物種数。数字は種数を示す。全出現種は470種，そのうちの1種は不明種である。

3.5 まとめ

本章では，筆者がこれまでに携わった事例を中心に，里山と谷津田の植物多様性について述べた。それぞれにおいて，立地に応じて異なる自然条件（日射量，水分条件など）や人為管理が植物の多様性を支え，それらが種組成にも影響を及ぼすことがわかった。

3.4 節で考えたように，農村地域では，里山や谷津田，さらに，里山や谷津田に内在するより矮小な植生ユニットの集合体が，地域の植物多様性を形作っている。地域の中で，ある単一の植生ユニットタイプにしかみられない植物種を多数含む植生ユニット（ホットスポット）が存在することも珍しくない。地域の植物多様性を維持するうえで重要な植生ユニットでは，多様性を支える要因を丁寧に整理し，地域の植物多様性を失わないような植生管理方法などの方策を考える必要が大きいだろう。

一方，農村での人々の暮らしや土地利用，植生管理方法は，古来，社会の情勢に応じて変化し続けてきた。変化する農村の人間活動の中で，過去の管理手法を地域全体に採用することによって植物多様性を維持し続けることは現実的ではない。過去の植生や管理を理想とするだけでなく，新たな管理の枠組みの中で多様性の維持に効率的に取り組む意義も大きいと考えられる。たとえば，3.2.1 項で紹介したように，水田での栽培時期の早期化は，絶滅危惧種を含む多数の種の生育地を創出しており，こうした条件下で植物多様性をさらに効率的に維持する手法を検討することも重要であろう。

引用・参考文献

[1] Buckley, G.P. (ed.) : "Ecology and management of coppice woodlands", 336 pp, Chapman & Hall, 1992.
[2] Burel, F., Baudry, J. : "Landscape ecology: concepts, methods, and applications", 378 pp., Science Publishers, 2003.
[3] Cornell, J.H. : *Science*, **199**, pp. 1302-1310, 1978.
[4] Garcia Del Barrio, J.M. et al. : *Environmental Monitoring and Assessment*, **119**, pp. 137-159, 2006.
[5] Kitazawa, T., Ohsawa, M. : *Biological Conservation*, **104**, pp. 239-249, 2002.
[6] OECD : "Environmental performance of agriculture in OECD countries since 1990", 575 pp., 2008.
[7] Okubo, S. et al. : *Biodiversity & Conservation*, **14**, pp. 2137-2157, 2005.

引用・参考文献

- [8] Read H.J. & Frater M. : Woodland habitats. In:"Habitat guides. Series editor, Wheater C.P.", 177 pp., Routledge, 1999.
- [9] Siles, G. et al. : *Journal of Applied Ecology*, **45**, pp. 1790-1798, 2008.
- [10] Yamada, S. et al. : *Agriculture, Ecosystems & Environment*, **119**, pp. 88-102, 2007.
- [11] Yamada S. et al. (in press) Landform type and land improvement intensity affect floristic composition in rice paddy fields from central Japan, *Weed Research*.
- [12] 飯山直樹・鎌田磨人・中川恵美子・中越信和：ランドスケープ研究，**65**, pp. 579-584, 2002.
- [13] 伊藤操子：『雑草学総論』，養賢堂，1993.
- [14] 大島和伸・鷲谷いづみ：筑波の環境研究, **15**, pp. 45-51, 1994.
- [15] 笠原安夫：農学研究, **39**, pp. 143-154, 1951.
- [16] 北川淑子・山田晋・大久保悟：栃木県立博物館研究紀要 自然, **23**, pp. 1-14, 2006.
- [17] 北川淑子ほか：ランドスケープ研究, **67**, pp. 551-554, 2004.
- [18] 鈴木隆介：『建設技術者のための地形図読図入門（第三巻）段丘・丘陵・山地』, pp. 555-942, 古今書院, 2000.
- [19] 高原光：森林科学, **55**, pp. 10-13, 2008.
- [20] 武内和彦・鷲谷いづみ・恒川篤史編：『里山の環境学』，東京大学出版会，2000.
- [21] 農林水産省：『平成20年耕地及び作付面積統計』，農林統計協会，2009.
- [22] 農林統計協会：『図説食料・農業・農村白書（平成12年度板）』，農林統計協会，2000.
- [23] 藤村忠志：造園雑誌, **57**, pp. 211-216, 1994.
- [24] 星野義延：日本の雑木林の分類と分布. 亀山章編：『雑木林の植生管理：その生態と共生の技術』, pp. 25-39, ソフトサイエンス社, 1994.
- [25] 水本邦彦：『草山が語る近世』，山川出版社，2003.
- [26] 山田秀三：『関東地名物語：谷(ヤ)谷戸(ヤト)谷津(ヤツ)谷地(ヤチ)の研究』，草風館，1990.
- [27] 山田晋ほか：ランドスケープ研究, **68**, pp.675-678, 2005.
- [28] 山田晋・北川淑子・武内和彦：ランドスケープ研究, **65**, pp.290-293, 2002.

4 耕地雑草群落の成立と除草剤の インパクト：日本の水田を中心に

4.1 農耕地の雑草

　水田や畑ではイネやコムギ，さまざまな野菜が栽培され，そこでは，耕耘（こううん）や施肥（せひ），除草などの一連の農作業が繰り返されている。この一連の農作業は植物に対するかく乱（植物体の一部あるいは全部を破壊するような外部からの力）として働く[6]。このような一連の農作業に伴うかく乱に見事に適応しているのが，この章で扱う耕地雑草（狭義の雑草）で，この植物群は水田や畑とその周辺だけで生活していくことができる農耕地のスペシャリストである。雑草は，河川の氾濫原や氷河の先端部にもともと生育していた植物に起源し，人類が定住し，農耕を開始するとともに水田や畑に侵入し，農作業に適応した独自の進化を遂げてきた。

　雑草は，植物学的に異なる分類群に属する種であっても，人間によって播種（はしゅ）と収穫が繰り返される作物や人間の影響が直接及ばない立地に生活している野生植物とは大きく異なる固有の生活史特性をもっている。たとえば，発芽に適した条件の下でも発芽しない種子の休眠性や不斉一な発芽，発芽してから短期間のうちに開花する早熟性，小さな種子を多数生産するなどの共通した特性のいくつかを併せもっている（表4-1）。種子の休眠性や不斉一な発芽は，作物の栽培歴に合わせて発芽したり，農作業によってすべての個体が除去されないための除草回避戦略であり，早熟性は，農作業に伴うかく乱が生じる前に開花・結実し，次世代を確保するための戦略である。また，小さな種子を多数生産する特性は，かく乱された生育地における個体数の回復に有利に働く。

　雑草のこのような生活史特性は，人間の不断の除草努力によってまったく意

4. 耕地雑草群落の成立と除草剤のインパクト：日本の水田を中心に

表 4-1 雑草の生活史特性（[1] を改変）。

- 内的に制御された不連続発芽をする。種子の寿命がきわめて長い。
- 実生の生長が早く，栄養生長から生殖生長にすばやく転ずる。
- 自家和合性である。しかし，完全な自殖ではなく，他殖も行う。
- 他殖する場合，特別な花粉媒介者を必要としないか風媒である。
- 生育条件がよければ，継続的にきわめて多数の種子を生産する。
- 広い環境に対する耐性と可塑性をもち，生育条件が悪くてもいくらかの種子を生産する。
- 長距離散布や短距離散布に適応した散布体をもつ。
- 多年生の場合，旺盛な栄養繁殖を行い，断片からも再生する。また，ちぎれやすく，土壌から引き抜くことは容易でない。
- ロゼット形成，他の個体を絞めつけるような生長あるいはアレロパシーなどの特別の方法で他種と競争する。

図していなかったにもかかわらず，人間が進化させてきた特性である。雑草は，これらの生活史特性を獲得したおかげで除草作業のふるいをくぐり抜け，水田や畑から締め出されることもなく，そこで栽培される作物と光や養水分，空間をめぐって競争している（図 4-1）。

農耕地では，単一の作物が栽培され，耕耘や施肥，除草が行われるなど，その環境は自然生態系とは大きく異なっている。ここでは，温度や日長などの季節変化に加え，自然生態系にはない人為的な選択圧（人為的かく乱）が直接そして常に働いている。これによって，農耕地における雑草の種多様性や遺伝的多様性は，自然生態系におけるそれらとはかなり異なる様相を呈している。そして，雑草の遺伝的多様性は，その種の交配様式や生活環の長さ，繁殖体の散布様式などによっても大きな影響を受けている。雑草集団の遺伝的多様性は，

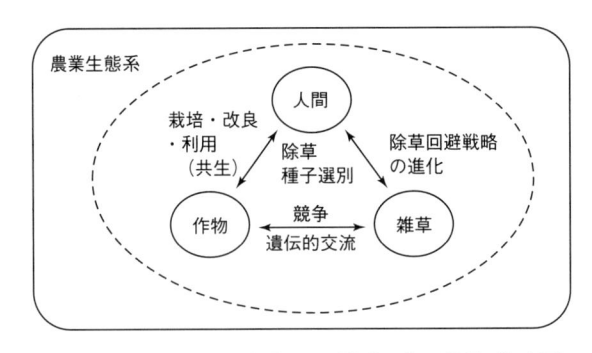

図 4-1 農業生態系における人間，作物および雑草の相互関係（概念図）。人間と作物は共生関係にある。人間は作物の競争相手である雑草を除去しようと努力しているが，雑草は除草を回避するための特性を進化させ，農耕地で繁栄している。

雑草が農作業へうまく適応できるかどうかを決める大きな要因である。

　雑草はしたたかに農作業に適応している。しかし，一方で，農作業の変化に適応できず，絶滅の危機に瀕している雑草も存在する。この章では，雑草の多様性を農作業に対する雑草の適応・進化の観点から取り上げる。章の前半で，雑草の多様性を概説し，後半では，雑草に対する除草剤のインパクトについて述べる。

4.2　水田雑草の多様性

　日本にははたして何種の水田雑草があるだろうか。どこまでが水田雑草と境界を決めるのはなかなか難しい。水田の畦に生えていた雑草が耕耘機に削られて水田内に落ち，そのまま生育することもあれば，休耕田を水田にもどした一年目，休耕田に生えていた植物が多少生き残ることもある。このようなものをすべて水田雑草に数えていったのではきりがなくなるし，「水田雑草の特徴」といった把握をむしろ難しくさせることになろう。水田雑草というからには，ある程度頻繁に水田内にみられる種，厳密にいえば水田内で繁殖し個体群を維持することができる種を考えるのがよいだろう。

　植物学的な面から日本の雑草学の基礎を固めることに尽力した笠原安夫は，戦争中の昭和17，18年（1942，1943年），全国各地に在住する植物研究者の協力を得て，各地の水田および畑地にみられる雑草の種類をアンケート方式で調査した。その報告[34, 35]には，畑雑草として266種，水田雑草として186種の分布傾向が示され，除草剤導入以前の耕地雑草植生を示す貴重な資料となっている。ただし，水田雑草186種のうち88種は「弱害草（畦畔雑草）」として区分されており，水田雑草の範囲がやや広くとらえられている可能性が高い。

　ここで，雑草や水草を専門とした5冊の図鑑類を調べ，水田に生育するという記述がみられる種を抽出し，さらに最近の報告や筆者らの観察をもとに数種を補足したところ，187種になった（表4-2）。総数としては笠原の報告と同等になったが，もっぱら畦畔などに生育する植物はおおむね除外され，維管束植物でない藻類なども除外した一方，笠原の調査時にはなかった（あるいは気づかれていなかった）新しい帰化雑草が十数種含まれている。なお，南西諸島，小笠原諸島，あるいは北海道でのみ水田にみられる種はここには含まれていない。

　表中に（　）を付けて挙げたのは，おもに水稲の刈取り前後に発芽して越冬し，翌春の耕起の前に開花結実する冬雑草である。その多くは一年草か，潜在的に多年草であっても水田ではほとんど一年草のようにふるまうもので，水田

4. 耕地雑草群落の成立と除草剤のインパクト：日本の水田を中心に

表 4-2 日本産水田雑草チェックリスト

ミズニラ科	シナミズニラ，ミズニラ
トクサ科	イヌドクサ
デンジソウ科	デンジソウ
サンショウモ科	アカウキクサ，アゾラ・クリスタータ，オオアカウキクサ，サンショウモ
イノモトソウ科	ミズワラビ
ドクダミ科	ドクダミ
マツモ科	マツモ
サトイモ科	アオウキクサ，コウキクサ，ホクリクアオウキクサ，ウキクサ，ヒメウキクサ
オモダカ科	サジオモダカ，ヘラオモダカ，マルバオモダカ，アギナシ，ウリカワ，オモダカ
トチカガミ科	スブタ，ヤナギスブタ，イトトリゲモ，ヒロハトリゲモ，ホッスモ，ムサシモ，ミズオオバコ
ヒルムシロ科	ヒルムシロ
ガマ科	コガマ
ホシクサ科	イトイヌノヒゲ，イヌノヒゲ，ニッポンイヌノヒゲ，ヒロハイヌノヒゲ，ホシクサ
イグサ科	アオコウガイゼキショウ，コウガイゼキショウ，ハナビゼキショウ，ヒメコウガイゼキショウ
カヤツリグサ科	ウキヤガラ，コウキヤガラ，アゼガヤツリ，ウシクグ，カヤツリグサ，カワラスガナ，クグガヤツリ，コアゼガヤツリ，ココメガヤツリ，ショクヨウガヤツリ，タマガヤツリ，ヒナガヤツリ，ミズガヤツリ，クログワイ，シログワイ，ヌマハリイ，ハリイ，マツバイ，アゼテンツキ，テンツキ，ヒデリコ，ヒンジガヤツリ，イヌホタルイ，カンガレイ，コホタルイ，サンカクイ，シズイ，タイワンヤマイ，ヒメホタルイ，フトイ，ホタルイ
イネ科	（スズメノテッポウ），（セトガヤ），（カズノコグサ），ジュズダマ，イヌビエ，コヒメビエ，タイヌビエ，（カモジグサ），ミズタカモジ，ヒメウキガヤ，ムツオレグサ，チゴザサ，アシカキ，エゾノサヤヌカグサ，サヤヌカグサ，アゼガヤ，イネ，ヌカキビ，キシュウスズメノヒエ，チクゴスズメノヒエ，ヨシ，（スズメノカタビラ*），ハマヒエガエリ，ヒエガエリ，ヌメリグサ，ホソバドジョウツナギ
ツユクサ科	ツユクサ，イボクサ
ミズアオイ科	ホテイアオイ，アメリカコナギ，コナギ，ミズアオイ
キンポウゲ科	（イボミキンポウゲ），（キツネノボタン），（タガラシ），（トゲミノキツネノボタン）
タデ科	アキノウナギツカミ，サナエタデ，シロバナサクラタデ，タニソバ，ハルタデ，ヒメタデ，ミゾソバ，ヤナギタデ，ヤノネグサ
ナデシコ科	（オランダミミナグサ），（ツメクサ），（ウシハコベ），（コハコベ），（ノミノフスマ）
ヒユ科	ツルノゲイトウ

4.2 水田雑草の多様性

表 4-2 つづき

科	種
ベンケイソウ科	コモチマンネングサ
アリノトウグサ科	オオフサモ, **タチモ**
ミソハギ科	キカシグサ, シマミソハギ, ナンゴクヒメミソハギ, ヒメミソハギ, ホソバヒメミソハギ, **ミズキカシグサ**, ミズマツバ
アカバナ科	チョウジタデ, ヒレタゴボウ, ミズキンバイ
オトギリソウ科	アゼオトギリ, コケオトギリ
ミゾハコベ科	ミゾハコベ
マメ科	クサネム, (ゲンゲ), (カラスノエンドウ), (スズメノエンドウ)
バラ科	(コバナキジムシロ)
アブラナ科	(ナズナ*), (タネツケバナ), ミズタガラシ, (イヌガラシ), (コイヌガラシ), (スカシタゴボウ)
ムラサキ科	(ハナイバナ), (キュウリグサ)
アカネ科	(ヤエムグラ)
ナガボノウルシ科	ナガボノウルシ
シソ科	**ミズネコノオ***
ハエドクソウ科	(トキワハゼ), ミゾホオズキ
アゼトウガラシ科	アゼトウガラシ, アゼナ, アメリカアゼナ, ウリクサ, スズメノトウガラシ, **スズメハコベ**
オオバコ科	ウキアゼナ, ミズハコベ, サワトウガラシ, **マルバノサワトウガラシ***, アブノメ, **オオアブノメ**, キクモ, **コキクモ**, シソクサ, (オオカワヂシャ), (カワヂシャ), (ムシクサ*)
タヌキモ科	イヌタヌキモ
セリ科	セリ
キキョウ科	ミゾカクシ
ミツガシワ科	**ヒメシロアサザ**
キク科	ヒロハホウキギク, アメリカセンダングサ, タウコギ, トキンソウ, アメリカタカサブロウ, タカサブロウ, (ハハコグサ), (キツネアザミ), (コオニタビラコ)

注 1) [33,37,41,44,52] のいずれかにおいて水田に生育する旨の記述がある維管束植物種をリストアップし, 近年の帰化情報によりトゲミノキツネノボタン[59], ナガボノウルシ[58], コヒメビエ[46], アゾラ・クリスタータおよびオオカワヂシャ[40] を加え, さらに近畿地方における筆者らの観察により「*」を付した 6 種を加えた. もっぱら小笠原諸島・南西諸島の水田に出現する種は含まれていない.

注 2) 科の所属・配列は APG 分類体系に基づいた [31] に従った.

注 3) ゴシック体で示したのは [39] により絶滅危惧種もしくは準絶滅危惧種に分類された種, アンダーラインを付したのは帰化 (新帰化) 植物, 和名を ( ) に入れたものはおもに冬期休閑田および裏畑作に出現する種.

に水が張られイネが育っている夏の間は, 種子として泥の中で休眠状態にある. 水稲に対して直接雑草害を及ぼすことはないが, 毎年一定の季節変化をくりかえす水田という立地環境に適応して個体群を維持している点から, やはり水田

雑草の中に数えることができよう。この中にはタガラシのようにほとんど休閑田（作付けのない冬期の水田）でしかみられないものや、ヤエムグラのようにかつて水田裏作の麦畑で特異的に多かったものが含まれる。

水田稲作は，縄文時代晩期に大陸から九州地方に伝わったとされる。水田はいうまでもなく人工の生態系である。ではそこに生える水田雑草はいったいどこから来たのだろうか。1943年，植物地理学者の前川文夫は，「史前帰化植物」という考えを発表した。現在いわれているところの帰化植物は，通常，諸外国との物資の移動が活発化した江戸時代末期以降に日本に渡来した植物をいう。これに対して前川は，農業生態系にみられる雑草は古く日本に農業が渡来した頃に外国からやってきたのではないかと考えた。とくに，稲作は有史以前に日本に伝わったものであるから，稲作に伴って渡来したと考えられる植物を史前帰化植物とよんだのである。前川はこの論文中で，82種の雑草的な植物をその候補として例示している。笠原はこの説を基本的に踏襲し，主要な耕地雑草を自生山野草由来のもの，史前帰化，旧帰化，新帰化および放浪植物・広汎種（分散能力が高く分布が広く，由来を決められないもの）に分けることを試みている[36]。史前帰化植物は魅力的な説で，おそらく部分的にはあたっているのであろう。ところが残念なことに，前川も笠原もそのように判断した理由を個々の種ごとにはあげていない。厳密にいえば，ある植物が史前帰化植物であるというためには，推定される渡来時期以前にはその植物が日本になかったことを証明しなければならないのだが，このような古い時代について，「なかった」ことをそれなりの説得力をもって言うのは困難である。「史前帰化植物」は今なお，基本的には未証明の仮説である。たとえば，史前帰化植物とされることのあるサンショウモの胞子は縄文時代の堆積層から検出されている[49]。ほとんど自明の言い方になってしまうが，水田雑草の一部は自生の水生・湿生植物が雑草化したものであり，他の一部はおそらく稲作の渡来やその後の人の行き来にともなって大陸から渡来したものであるということになる。

雑草のように身近にみられる植物の分類学的な調査は明治から戦後にかけてひととおり完了し，帰化植物は別として，未知の種が新たに発見されるようなことはめったになくなっている。しかし，植物分類学・雑草生物学の進歩に応じて種の分け方が変わったり，学名が修正されたりすることは常に起こっているので，新旧の文献を比較するときには注意が必要である。

日本産の雑草ヒエ類は形態だけでは分類が難しく，図鑑によってさまざまな分類法・学名が用いられていたが，後に藪野による細胞遺伝学的な研究から，

4.2 水田雑草の多様性

種としては6倍体のイヌビエ *Echinochloa crus-galli* と4倍体のタイヌビエの2種に分けるべきであることが示された[61,62]。タイヌビエの学名には諸説あり，*E. oryzicola* とする藪野の説から，*E. oryzoides* とする説[51]を経て，現在では *E. phyllopogon* がよく用いられるようになっているが，決着がついたとはいえない[63]。なお，イヌビエの芒のない型によく似たコヒメビエ *E. colona* は世界の熱帯・亜熱帯域に広く分布し，沖縄，小笠原からも報告されていたが，近年，九州にも侵入し分布を拡大している[46]。現在，日本に分布するヒエ属雑草は3種ということになる。ちなみに，ヒメイヌビエやヒメタイヌビエというまぎらわしい名前の雑草もあるが，これらはいずれもイヌビエの変種で，種としてはイヌビエに含まれる。

ホタルイ *Schoenoplectus juncoides* にはイヌホタルイ subsp. *juncoides* と狭義のホタルイ subsp. *hotarui* の2亜種が認められていた。両亜種は除草剤に対する感受性が異なり，実際水田に生育するものは大部分イヌホタルイであることから注意が喚起されたが[27]，その後も農業現場では両亜種が区別されずに（ときにはまったく別種のタイワンヤマイまで含めて）「ホタルイ」とよばれることが多かった。ホタルイとイヌホタルイの間には生殖的隔離があり，別種とされる場合もある[60]。

食虫植物のタヌキモ *Utricularia vulgaris* var. *japonica* とイヌタヌキモ *U. australis* は混同されてどちらもタヌキモとされてきたが，殖芽（越冬器官）の形態が明らかに異なり，水田にみられるのはイヌタヌキモのほうである[33]。

かつてタカサブロウ *Eclipta prostrata* とよばれていた植物には在来種と帰化種が含まれていたうえに学名もあて間違えられていたことが明らかにされ，在来種のほうはタカサブロウ *E. thermalis*，帰化種のほうはアメリカタカサブロウ *E. alba* とされた[29]。

植物分類学における最近の大事件といえば，分子系統学からの知見をもとに，科レベルの分類体系が大幅に組み替えられたことである。新しい体系は，研究を主導した欧米の研究グループの名をとって，APG体系とよばれる。表4-2は[31]を参考に，シダ類以外はAPG体系にしたがって科を分けている。ウキクサ類がサトイモ科に入れられたこと，トリゲモ類がトチカガミ科に入れられたこと，ゴマノハグサ科に入れられていた多様な小型の雑草がハエドクソウ科，アゼトウガラシ科，オオバコ科のいずれかに分けられたことなどが，とくに目につく変化である。

4.3　代表的な水田雑草のプロフィール

　タイヌビエは後述の『農業全書』でも特筆されているように，水田雑草中の最重要種といえよう。タイヌビエの幼植物はイネの苗にそっくりな姿をしているが，これは長年にわたる除草の圧力を経て，イネに対する擬態性を獲得したものと考えられている。特別な擬態を示さないイヌビエと比べるとその違いは歴然としている（図4-2）。イネの穂が垂れる頃になると，タイヌビエの穂が田のあちこちに突き出し，ようやくそのありかが知れるようになる。収穫した米にヒエ粒が混じることのないよう，また翌年の発生源となる種子を田の中に落とさないよう，農家は稲刈り前の田んぼを歩き回ってまずタイヌビエを抜き集めなければならなかった。タイヌビエには小穂（いわゆる種子）の背腹面がどちらも膨出したC型と，片面（第一苞穎のある面）が扁平なF型があり，太平洋側にC型，日本海側にF型が多い傾向があるが[61,62]その進化的な意味はわかっていない。タイヌビエは近年かなり減少し，とくにC型は野外ではなかなか見つからないほどになった。現在，水田でみられる雑草ヒエの大部分は擬態を示さないイヌビエのほうであるが，これは手取り除草がほとんど行われなくなったことの当然の帰結かもしれない。もしかすると将来，日本の稲作が生んだ生物進化のモニュメントとして，タイヌビエを保存しなければならない時代がやってくるかもしれない。

　コナギは小さいが美しい青紫色の花を咲かせる一年生雑草で，平安時代には食用として栽培されていたらしい記録もある。「らしい」というのは，同属で

図4-2　イネ（左），イネに擬態したタイヌビエ（中），擬態していないイヌビエ（右）。

4.3 代表的な水田雑草のプロフィール

全体に大きいミズアオイとどちらをさすのか，文献の記述のみでは断定できないためである。コナギは草高が低くイネを覆い隠すようなことはないが，土壌中から多量の窒素分を吸収してイネの収量を低下させる。茎葉がやわらかくてちぎれやすく，茎の断片からも根を出して増えるので，手取り除草では根絶がむずかしいが，除草剤は効きやすい草種であった。「あった」と過去形を用いる理由は後出する。コナギの種子は，酸素欠乏状態になるとむしろ発芽率が高まることが知られている[38]。

オモダカは塊茎から発生する多年生雑草で，栽培されるクワイの野生祖先種と考えられている。生育初期は線型からへら状の沈水葉を放射状に出してコナギの幼植物やウリカワによく似ているが，やがて特徴ある矢尻型の葉を高く展開するようになる。葉の形はクワイに近い幅広いものから，タイヌビエと同様にイネに擬態したのではないかと思われるほど細いものまで変異が大きい。葉の細いものは近縁のアギナシと誤認されやすい。秋になると枝分かれした花序に雌花と雄花を咲かせる一方，株元から下方に地下茎を伸ばし，その先端にクワイの「いも」を小さくしたような塊茎をつける。大阪平野にはオモダカとクワイの中間のようにみえる変種スイタクワイが分布し，その塊茎は食用として古来珍重された[43]。

クログワイもまた塊茎から発生する多年生雑草で，葉は鞘状に退化しており，イグサを太らせたような茎が束になって出る。茎は中空で多数の隔壁をもつので，指先でしごくとつぶれてピチピチという独特の感触を伝える。田植え後しばらくの間はあまり目立たないが，地下茎を横に伸ばして次々と株を殖やし，いつの間にか密生し，イネが黄色に熟す頃になって濃緑色の群落が目立つようになる。多発するとイネを減収させるだけでなく，倒伏を助長して大きな損害を与える。秋になると茎の先に目立たない小さな穂をつけて種子を生産する一方，やはり株元から下方に地下茎を伸ばし，その先に黒っぽい豆粒大の塊茎を1個ずつつける。塊茎にはほのかな甘みがあり，食用になる。もともと低湿地だった湿田ぎみの水田に多く発生する傾向がある。

表4-2のリスト中には，「イネ」も含めてあることにお気づきだろうか。熱帯アジアのイネ栽培地帯では，種子が熟するとばらばらとこぼれ落ちて勝手に繁殖する「雑草イネ」が大きな問題になっている。雑草イネの芽生えは栽培イネと見分けて抜き去ることができないだけでなく，同種であるから除草剤で防除することもできない。イネを田植えせずもみを播く「直播(ちょくはん)」が行われてい

る地域では，播種したイネと雑草イネが入り交じって発芽するので，とりわけ問題になりやすい．近年，日本の岡山県や長野県などでは，伝統的な移植栽培から省力性にすぐれた直播栽培への移行が少しずつ進められてきているが，それにつれて，やはり雑草イネが問題化するようになった．岡山県の雑草イネには，日本の栽培イネと酷似したものやインド型のものなど，多様なタイプがあるが[28]，その由来は明らかになっていない．雑草イネが栽培イネの交雑や突然変異に由来するのならば，野生化した園芸植物と同様，「逸出帰化植物」に相当することになるし，もし熱帯アジアの雑草イネが侵入したのならば普通の帰化植物である．

　以上に紹介したものは，局地的にしか見られない雑草イネを除いては出現頻度が全国的に高く雑草害が大きい，農業上の重要種である．その一方，出現頻度は高いものの，植物体がごく小さく，さしたる害になるとも思えない雑草もある．アブノメ，ミズマツバ，ホシクサなどがそうであるが，こうしたものは研究の対象ともなりにくく，その生態がよくわかっていない．

　表4-2に（　）つきで示した冬雑草の中には，イネと直接競合しないせいもあってか，人々に敵視されるよりもむしろ親しまれてきた植物が多い．春の七草のうちナズナ，ハハコグサ（ごぎょう），コハコベ（はこべら），コオニタビラコ（ほとけのざ）がここに含まれる．タネツケバナはやや湿田ぎみの休閑田に多い雑草で，春の水田を白く染め，稲作作業の開始である「種浸け」の時期がきたことを告げる．スズメノテッポウは草笛の材料として子供に親しまれてきた草であるが，冬期休閑田に生えるものと畑地に生えるものでは形態や生理生態がかなり異なることが明らかになり[56]，現在では変種として区別されている．

　水田雑草には乾燥に弱いものが多く，畑雑草には逆に過湿・水没に弱いものが多い．そこで，数年ごとに水田を畑にし，また畑を水田にすることで，雑草を減らすことができることが古くから知られていた．これを田畑輪換という．近年の減反政策下，この古来の知恵を生かして，もともと水田だったところに水稲とダイズの田畑輪換体系を導入する地域が出てきている．このような体系のもとでは，水田でも畑でもほどほどによく生育し繁殖することのできる，「田畑共通雑草」とよばれるグループが増加する．その代表的なものに，コゴメガヤツリ，イヌビエ，アゼガヤ，スカシタゴボウなどがある．

4.4 絶滅危惧雑草

1980年代末から，絶滅危惧種に関するデータベース，いわゆるレッドデータブック・レッドリストの集成が進められるようになると，意外にも，雑草とみなされていた種の中にも，絶滅が危惧されるものが数多くあることが明らかになってきた。環境省の2007年公表のレッドリストによれば，表4-2にあげた水田雑草のうち，ムサシモが絶滅危惧IA類，アゼオトギリが絶滅危惧IB類，ほか17種が絶滅危惧II類，9種が準絶滅危惧種ということになる。ため池，用水路，畦畔を含む水田生態系を考えると，絶滅危惧種の数はさらに増える。2000年にもわたって人間による除草を耐えぬいてきた在来の水田雑草がこのように続々と減ってしまった原因は何であろうか。

筆者らは以前，福井県敦賀市中池見で，絶滅危惧植物の分布と水稲耕作の現状を調査したことがある[24]。ここは休耕田と耕作田が混在する約25haの小盆地であるが，水田内にはオモダカなど一般的な水田雑草に加えてデンジソウ，オオアカウキクサ，サンショウモ，ミズタガラシなどが，水田まわりの溝にはミズニラ，ヒツジグサ，イヌタヌキモが，用水路にはミクリ，カキツバタ，トチカガミが，休耕田にはデンジソウやミズトラノオが，ため池にはヒメビシやイトトリゲモが，それぞれふんだんに生育していた。これらの水田では一般的な水稲用除草剤が常に使用されていた。また，農家に絶滅危惧種という認識はもちろんなく，デンジソウはとってもとっても生えてくる「わるくさ」と考えられ，ミズニラは種として意識されることさえなしに，他の雑草と一緒に取り捨てられていた。これらの雑草は本来，けっしてひ弱な植物ではないのである。

水田の雑草が絶滅危惧というと，一般には，除草剤の使用が原因と考えられやすい。しかし，除草剤は野外において完璧な除草効果を誇るものではない。たとえば，除草剤散布の後に大雨が降ったりすると，有効成分が流されてしまい効果が不十分になることがある。棚田の山側の畦ぎわでも，地下水・地表水が流入して除草剤を洗い流してしまうことがある。除草剤の多くはいったん水にとけて水田内に拡散するので，除草剤散布時に水から出ていた部分には到達しない。減反政策以来増加した休耕田は，水田雑草にとってレフュージア（避難地）となる。このような要因に加えて，農業は人がやるものである。現実の雑草管理には時間的にも空間的にもどこかにスキが生まれてしまうものであり，雑草はあらゆるスキをついて個体群を復活させる。環境さえ以前と同じであるならば…。

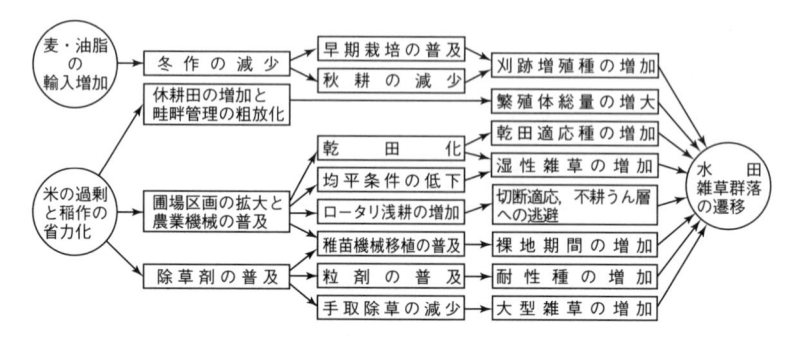

図4-3 水田雑草群落の変遷に関与する農業上の要因[26]。

　水田雑草を詳しく観察している研究者は，雑草植生の変化の理由を複合的なものとみている（図4-3)[26]。このような変化の中でもとくに注目されるのは，圃場整備による乾田化である[24, 45, 57]。上に述べた中池見も，厚く堆積した泥炭層を開墾して江戸時代に開かれた強度の湿田地帯であった。水田農業の近代化と省力化にとって，乾田化は必須の条件であった。水のかけ引きが自由にできれば，田植えや刈り取りの時期を計画的に決めることができ，肥料や除草剤も安定して効かせることができ，農業機械も使いやすい。その反面，乾田化などの圃場整備は水田環境のあらゆる面に波及効果を及ぼし，生態系を一変させてしまう可能性をもっていたと考えられる。中池見のような湿田地帯に絶滅危惧植物が残存しやすい理由としては，冬期も水がある湿田という環境そのものに対する選好性だけでなく，除草剤の効きにくさ（あるいは効果の不均一）や，水田周辺も含めた水環境の多様性も考慮に入れる必要があるだろう。

4.5　畑地雑草の遺伝的多様性

　イギリス南部のハーペンデンにあるローザムステッド農業試験場では，1843年以来毎年連続してコムギが同一圃場で異なる肥料条件のもとで除草剤を使用せずに栽培されている。この畑に生育する交配様式がそれぞれ異なる雑草の遺伝的多様性が，ゲノム内に多数存在する2〜6塩基の繰り返し配列数の違いを解析する方法（マイクロサテライト（SSR）マーカー分析法）によって調査された[3]。対象となった種は，イネ科のおもに他殖（異なる個体の花粉によって受精）するノスズメノテッポウ，マメ科のおもに自殖（同じ個体の花粉によって受精）するコメツブウマゴヤシ，ナデシコ科の自殖するコハコベおよびバラ科のアポミクト（受精せずに種子を形成）であるノミノハゴロモグサの4種で

4.5 畑地雑草の遺伝的多様性

ある。この調査によると，4種の集団内の遺伝子多様度は，それぞれ0.265，0.309，0.340および0.262で，自殖あるいは他殖する植物の平均値（それぞれ0.41および0.65）[14]よりも低い値であった。また，カナダ南東部のダイズとトウモロコシ畑に生育し，いずれも自家和合性（同じ個体の花粉によって正常に受精）でおもに自殖すると考えられているアオイ科のイチビ，ナス科のシロバナチョウセンアサガオ，イネ科の雑草キビ，セイバンモロコシおよびアキノエノコログサの遺伝的多様性が，同一の遺伝子座上の異なる対立遺伝子によって発現される酵素（アロザイム）の多型を解析する方法で調査された。その結果，いずれの種においてもほとんどすべての集団で，特定の遺伝子型が優占し，集団の遺伝的多様性はきわめて低いことが明らかになった[20]。

　ここで紹介したイギリスやカナダの例に代表されるように，農耕地で繁栄している雑草集団の遺伝的多様性は，低いようである。これは，農耕地におけるさまざまな耕種操作が雑草集団に対して強い選択圧として働き，びん首（ボトルネック）効果（ある集団が一度減少し，再び増加したときに遺伝子頻度が変動する）をもたらし，その結果，雑草集団の遺伝的多様性が減少するからであろう（図4-4）。さらに，集団が小さくなると偶然によって遺伝的変異が減少する（遺伝的浮動）。また，雑草には，受精がより確実に見込まれる自殖性の種が多い。自殖性の雑草では，集団間の遺伝的交流が制限されるため，集団間の遺伝的分化が導かれる。雑草の交配様式や集団の遺伝的多様性は，雑草の適応や分化と深くかかわっている。

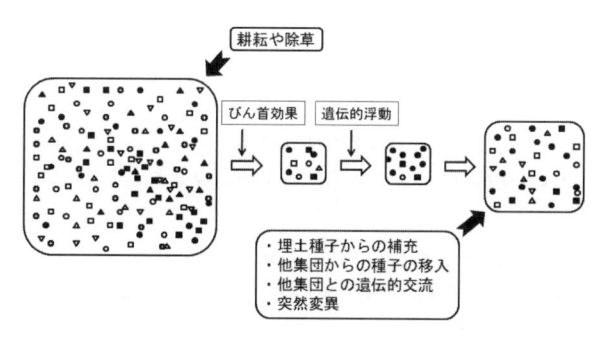

図4-4　農作業と雑草集団の多様性（概念図）。

4.6 農業は雑草との戦い

　雑草は，作物の栽培に伴う一連の農作業に対して4.1節で概説したような高度に適応した生活史特性を獲得してきた。雑草は，これらの特性を獲得したことによって生えるべくして水田や畑に生えている。そのため，水田や畑では人間が作物を保護（除草）しないと，光や養水分，空間をめぐって雑草が作物と競争し，作物と同等かそれ以上に生育する。このため，作物の収量が大きく減少したり，品質低下につながる。十分に管理されているイネやダイズなどの主要作物の現在の栽培体系においてさえも，雑草との競争による減収率は10％から20％になるという。また，雑草は病害虫の中間宿主や生息場所となることもある。「農業は雑草との戦い」と昔からいわれてきたように，人間は雑草を農耕地から取り除くためにさまざまな手段を用い，多大な労力と時間，経費を除草作業に費やしてきた。ただ，人間のこのひたむきな努力が除草しにくい雑草を進化させているのであるが…。

　水田では，『万葉集』に「打つ田にも稗はあまたに有りといへど選えし吾ぞ夜一人寝る」とノビエ（タイヌビエやヒメタイヌビエ，イヌビエなどの雑草ヒエ類の総称）を詠んだ詩が収録され，ノビエが奈良時代においても稲作の重大な害草であったことがうかがえる。また，江戸時代前期の農学者宮崎安貞は，その著書『農業全書（1697）』巻一の「第五，鋤芸・中うちしくさぎる（中耕・除草）」の中で，ノビエの防除について以下のように記述している。

　　すでに，種子を蒔，苗をうへて後，農人のつとめハ，田畠の草をさりて，其根を絶つべし。稂莠（タイヌビエなどのノビエ）とて苗によく似たる草あり。此草ハ苗に先立てしげりさかえ，暫時もさらざれば程なくはびこりて，土地の気をうばひぬすむゆへ，苗を妨る事かぎりなし。油断なく取去べし。喩ば草ハ主人のごとし。もとより其所に有来ものなり。苗ハ客人のごとく，わきよりの入人なれバ，大かたの力を用てハ悉のぞきさりがたし。
　　　　（中略）
　　此ゆへに，上の農人ハ，草のいまだ目に見えざるに中うちし芸り，中の農人ハ見えて後芸る也。みえて後も芸らざるを下の農人とす。是土地の咎人なり。

　宮崎安貞は，前段でノビエの特性を的確に表現し，後段で水稲の栽培期間中徹底的に除草を行うべきであると述べている。実際，江戸時代には水稲の栽培期間中に手取り除草が6回も行われていたという。足場の悪い水田の中でよつ

んばいの姿勢になって行う手取り除草は，1892年に田打ち車が考案されてからも，除草剤が一般に広く普及する1960年代から1970年代まで続いた。

4.7 除草剤による雑草防除

　除草剤の登場は雑草防除の歴史において画期的な出来事であった。たとえば，水稲作では，除草剤が使用される以前の1940年代中頃には，10aあたり平均で約50時間を除草のために費やしていた。しかし，1947年に世界で最初の除草剤，2, 4-D（植物ホルモン作用かく乱剤）が開発されてから，さまざまな作用機作をもつ除草剤が次々と登場した。有効な除草剤の開発・普及に伴い除草にかかる労力と時間，経費が大幅に削減された。1990年代初めには，除草に要する労働時間は10aあたり2時間足らずに短縮され，さらに，現在広く使用されているスルホニルウレア系除草剤（分岐鎖アミノ酸生合成阻害剤）を中心とした一発除草剤を使用すると，その散布が水稲の栽培期間中1回で済むため，それに要する時間は10aあたり5分もかからない。現在では，作用点の差異，選択性や残効性の有無，処理方法（茎葉処理あるいは土壌処理），製剤の形態（液剤あるいは固形剤）などの組合せによって，じつに多様な除草剤が開発され，場面に応じて適切に使用すれば安価で容易かつ確実に雑草を制御することができるようになった。

　現在の雑草防除は，除草剤による化学的防除方法を中心に，手取りや刈り取り，耕耘あるいはマルチフィルムや藁などで地表面を被ったり，火入れするなどの物理的手段による防除方法や，標的とする雑草を食害する昆虫やその雑草に病気を起こす微生物を利用したり，水生雑草に対してそれを食べる草魚などを利用する生物的防除方法，そして，イネ科作物とマメ科作物のように生育型が異なる作物を交互に栽培したり，同じ耕地を水田あるいは畑として交互に利用する（田畑輪換）ことによって水田雑草と畑雑草それぞれの繁茂を抑えるなどの作付け体系（どの作物をいつ，どこで栽培するかといった体系）や作物の栽培に伴う一連の農作業を工夫することによる防除方法を組み合わせることによって行われている。

　雑草防除の主役である除草剤の雑草への作用機作はきわめて多様である。おもな作用機作は，光合成阻害，光合成に関与する色素形成阻害，植物ホルモン作用かく乱，呼吸阻害，アミノ酸・タンパク質生合成阻害，脂質生合成阻害，細胞分裂阻害あるいは過酸化物生成などである。これらの作用機作をもつ除草剤のうち，動物にはなく，植物だけが有する光合成や特定のアミノ酸生合成，

植物ホルモン活性などの機能を阻害する化合物を利用した除草剤は，人間や動物に対する毒性が低い．近年は，より微量で効果が高く，安全な化合物が開発され，それらの複数の化合物を組み合わせた混合剤が除草剤として活用されている．

水田や畑では，その除草剤に対する作物と雑草の間にある生理・生化学的な反応の差を利用して，作物には害を与えないが，雑草に対してはその生育を制御できる選択性除草剤が使用されることが多い．除草剤は殺菌剤や殺虫剤とは異なり，標的とする雑草が作物と同じ高等植物であり，さらに，両者が同じ科や属で近縁である場合が多い．このため，作物には害を与えずに雑草だけを枯死させる選択性を除草剤に付与することは困難を伴う．しかし，現在では両者の生育段階や発芽深度，除草剤の吸収・移行・代謝などの差を利用した選択性除草剤が開発され，広く使用されている[50]．

水田や畑でこのような選択性除草剤を連続して使用すると，そこに出現する雑草の種組成が変化する．たとえば，ダイズ畑でイネ科雑草に対して効果がある選択性除草剤を連用すると，イネ科以外の雑草が残存し，優占するようになる．このような除草剤の使用も，水田や畑における種多様性が他の生態系と比較すると一般に低い理由のひとつである．

4.8 除草剤が効かない雑草があらわれた

除草剤の登場は除草のための労力を大きく軽減した．しかし，雑草は除草剤の使用に対してもしたたかに適応し，雑草との戦いは現在も続いている．この節では，除草剤散布に対する雑草の適応・進化について解説する．

特定の除草剤を連続して使用していると，いままでその除草剤の散布によって枯れていた（感受性）雑草のある個体が，枯死せずに生き残り，繁殖する事例が次々と報告されている．雑草の除草剤抵抗性生物型の顕在化である．特定の除草剤を連用すると，雑草の除草剤抵抗性生物型が進化する可能性があることは1956年にすでに指摘されていたが，野外集団で最初に雑草の除草剤抵抗性生物型が認知されたのは1968年で，アメリカ・ワシントン州の苗木畑に出現したキク科の一年生雑草ノボロギクにおいてであった[19]．ここでは，1958年以降，光合成阻害剤であるトリアジン系除草剤のシマジンあるいはアトラジンが年に1回から2回毎年散布されていた．これらの除草剤が連用されていなかった場所から採取したノボロギクにシマジンを 1.12 kg/ha の濃度で散布するとすべての個体が枯死したのに対し，抵抗性生物型は 8.96 kg/ha の濃度で

4.8 除草剤が効かない雑草があらわれた

もすべての個体が枯死せずに生き残った。日本では埼玉県の桑畑でパラコートに抵抗性をもつキク科の多年生雑草ハルジオンの生物型が1980年に初めて認められた[23]。この抵抗性生物型は感受性生物型が枯死する処理濃度の50倍から100倍の濃度でようやく枯死するほどの抵抗性を示した。

雑草の除草剤抵抗性生物型は，その抵抗性の程度が高ければ，その除草剤を標準使用量の数十倍から数百倍の濃度で処理しても枯死せず（図4-5），繁殖する。前節で説明した選択性除草剤は，除草剤に対する作物と雑草の間の，すなわち，両者の種レベル以上の感受性の差を利用して雑草を枯死させるのに対し，雑草の除草剤抵抗性生物型は，従来感受性であった種の中に，感受性が低い（抵抗性）個体が生じ，除草剤が散布された後もその個体が枯死せず，生き残り，繁殖するのである。

雑草の除草剤抵抗性生物型は，2010年4月末現在，世界中の195種の雑草で347生物型が報告されている（図4-6）。この中には，遺伝子組換え技術によって作出された除草剤のグリホサート耐性作物が栽培されている畑で出現した雑草のグリホサート抵抗性生物型も含まれている。この抵抗性は，耐性（抵抗性）作物から雑草へ耐性（抵抗性）遺伝子が拡散したのではなく，自然突然変異で独立に生じた雑草のグリホサート抵抗性個体の頻度がグリホサートの連用によって増加し，顕在化したものである。したがって，この抵抗性生物型のグリホサートに対する抵抗性機構は，そこで栽培されているグリホサート耐性作物のそれとは異なっている。除草剤耐性作物の栽培における雑草問題については，この章の最後で改めて解説する。

除草剤の散布は雑草集団に対してきわめて強い選択圧として働き，除草剤を

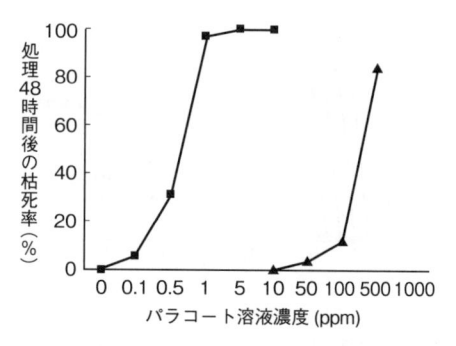

図4-5 オオアレチノギクのパラコート感受性生物型（■）と抵抗性生物型（▲）の枯死率[53]。

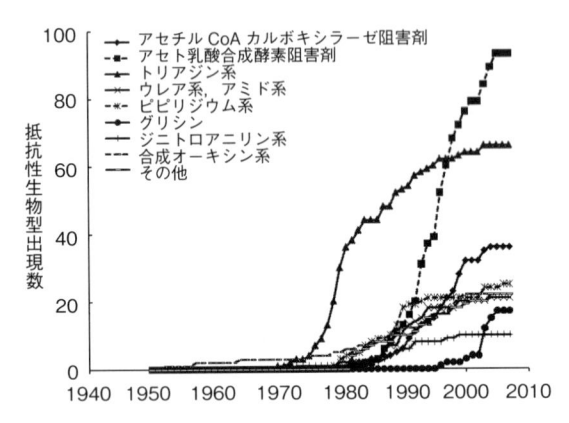

図 4-6 雑草の除草剤抵抗性生物型の出現数の推移（[7] をもとに作図）。

散布すると通常その集団の 90〜99％の個体が死亡し（びん首効果），雑草集団の多様性が低下する。しかし，雑草は，自殖性の種であっても，埋土種子集団や他の集団からの散布種子に由来する個体の補充などによって多様性をある程度回復することができる。雑草の除草剤抵抗性生物型は，除草剤の使用によって新たに出現するのではなく，もともと集団中にきわめて低い頻度で存在していた抵抗性生物型が，除草剤の散布によって感受性生物型（野生型）が集団から除去される結果，短期間のうちに優占することによる（図 4-7）。後述するスルホニルウレア系除草剤に関しては，この除草剤を 5 年連用する間にキク科の一年生草本のトゲチシャでこの除草剤に対する抵抗性生物型が顕在化したこと

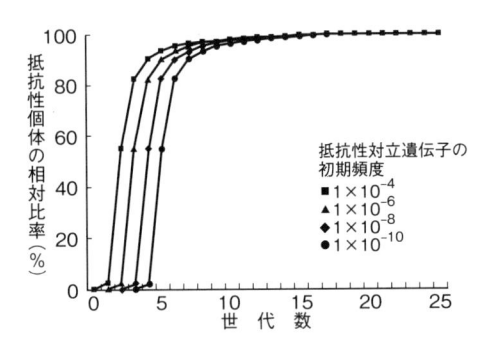

図 4-7 任意交配する雑草集団における特定の除草剤の連用による除草剤抵抗性個体の相対比率の変化（[10] を改変）。抵抗性が 1 個の完全優性核遺伝子に支配され，当該除草剤の使用によって雑草集団中の 99％の個体が死滅すると仮定。

4.8 除草剤が効かない雑草があらわれた

が報告されている[11]。

　雑草の除草剤抵抗性生物型における除草剤抵抗性発現の生理・生化学的な機構に関してはまだ不明な点が多い。特定の酵素を標的とする除草剤の作用は，ちょうど鍵と鍵穴の関係にたとえられる。除草剤の作用点である酵素の構成アミノ酸が自然突然変異によって別のアミノ酸に置換すれば，その酵素の立体構造が変化し，除草剤がその酵素と結合できなくなる（図4-8）。この結果，雑草が抵抗性をもつようになる。除草剤抵抗性は，このほかに，除草剤の吸収や移行が阻害され，除草剤が作用点に届かなかったり，解毒作用に関与するチトクロームP450の活性が増大したり，あるいはグルタチオン抱合による解毒作用などによって獲得される[5]。

　今までに報告されている雑草の除草剤抵抗性のほとんどは，1個あるいは少数の優性核遺伝子に支配されている。個々の遺伝子の効果が小さい微動遺伝子が除草剤抵抗性に関与している例が報告されていないのは，近年開発された除草剤の作用点が特異的で，かつ，その除草剤による選択が非常に強力であるため，十分な抵抗性を獲得するのに必要な数の微動遺伝子が1個体に集積される確率がきわめて低いからである[10]。また，トリアジン系除草剤に対する抵抗性は，アオイ科のイチビの例を除いて葉緑体ゲノムによって付与されている。この場合，抵抗性は母性遺伝する。

　除草剤抵抗性遺伝子の拡散は，抵抗性を獲得した個体の適応度（次世代に残す子孫の数）と密接にかかわっているため，抵抗性個体の適応度を評価することはきわめて重要である。たとえば，雑草のグリホサート抵抗性生物型が今まで顕在化しなかった理由のひとつとして，抵抗性を獲得した個体の適応度の低下があげられている。イネ科のボウムギではグリホサート抵抗性個体の適応度の低下の実例が報告されている[16-18]が，雑草の除草剤抵抗性生物型の適応度

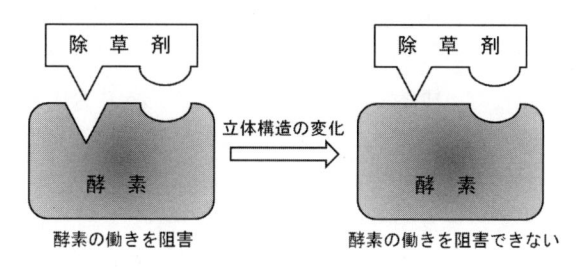

図4-8　立体構造の変化によって除草剤が結合できなくなった酵素（概念図）。

に関してはまだ不明な点が多い。これは，農耕地や自然集団中における抵抗性個体の頻度の変化に直接かかわる形質であるため，今後一層のデータの蓄積が求められる。

　雑草の除草剤抵抗性獲得に関し留意しなければならないのは，異なる作用機作をもつ複数の除草剤に対して1個体が同時に抵抗性をもつ複合抵抗性生物型が出現することである。たとえば，グリホサート耐性作物が広く栽培されているアメリカでは，オハイオ州やミシシッピー州においてグリホサートとアセト乳酸合成酵素（ALS）阻害剤あるいはグリホサートとパラコートに同時に抵抗性を示すキク科のヒメムカシヨモギ複合抵抗性生物型がすでに顕在化している[7]。他殖性の雑草では，ある除草剤に対して抵抗性をもった個体とそれとは別の除草剤に対して抵抗性をもった個体が，それぞれの適応度に顕著な低下が生じていなければ，交雑することが十分起こりえる。このような交雑の結果，複数の除草剤に対して同時に抵抗性をもつ複合抵抗性の子孫が生じる可能性が高い。オーストラリアではALS阻害剤やアセチル-CoAカルボキシラーゼ（ACCase）阻害剤など作用点が異なる7種類の除草剤に対して同時に抵抗性をもつイネ科のボウムギの集団が報告されている[2]。このような複合抵抗性生物型が優占すると，除草剤による防除は困難になる。

　雑草の除草剤抵抗性生物型の出現を避けるために，同じ作用機作をもつ除草剤の連用を避けたり，除草剤散布以外の雑草防除手段を講ずるなどの方策が必要である。

4.9　水田雑草のスルホニルウレア系除草剤抵抗性生物型の出現

　1975年に開発されたスルホニルウレア系除草剤（SU剤）は，植物の分岐鎖アミノ酸（バリン，ロイシンおよびイソロイシン）の生合成に関与するアセト乳酸合成酵素（ALS）の働きを阻害する除草剤である（図4-9）。SU剤が散布された植物では，これらのアミノ酸が生合成されず，細胞分裂が阻害され，その結果，生育が停止し，枯死にいたる。動物はこれらを生合成する経路をもっていないため，動物に対するSU剤の毒性は低い。SU剤の一種，ベンスルフロンメチルはイネの体内ですみやかに代謝・無毒化される一方，イネ科以外の植物では代謝がきわめて緩慢であるため，それらの植物のALS活性を顕著に阻害する。この差を利用したSU剤とノビエに有効な成分を混合した除草剤は，微量で幅広い草種に高い効果を示し，かつ，抑草期間が長いという優れた特性

4.9 水田雑草のスルホニルウレア系除草剤抵抗性生物型の出現

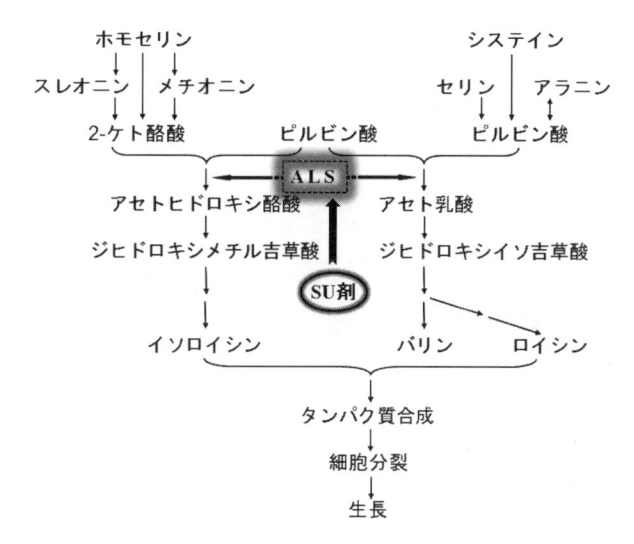

図 4-9 バリン，ロイシンおよびイソロイシンの生合成経路（[48] を改変）。SU 剤は図中の ALS の働きを阻害する。

をもっている。そのため，このような SU 混合剤が，1980 年代後半から日本の水田で広く使用されるようになり，2003 年には日本の水田の 60%以上で使用された[47]。

他方，この SU 剤に対して抵抗性を示す水田雑草の生物型が，日本では 1996 年に北海道のミズアオイで報告されて以来，2010 年 4 月末現在で，アゼナ類，アゼトウガラシ，ミゾハコベ，キクモ，イヌホタルイ，コナギ（図 4-10，図 4-11），オモダカなど少なくとも 17 種において各地で次々と報告されている。

図 4-10 SU 剤散布後も残存し，水稲の株間を埋めたコナギ（京都府）。

図 4-11　コナギの SU 剤抵抗性生物型（左）と感受性生物型（右）の SU 剤に対する反応。通常使用濃度の SU 剤溶液中で，10 日間水耕栽培した結果。感受性生物型（右）では新しい根の伸長がまったく認められないが，抵抗性生物型（左）では新根の伸長が認められる。

SU 剤は日本の水稲作で広く使用されているため，水田雑草の SU 剤に対する抵抗性生物型の出現によって，この剤を基本とした水稲の雑草防除体系の変更が必要となっている。とくに，水稲の湛水直播栽培では栽培初期の雑草防除がきわめて重要で，登録されている除草剤が少ないこともあり，この抵抗性生物型への対応が重要な課題である[50]。

4.10　雑草の除草剤抵抗性集団の遺伝的多様性

　植物の遺伝的多様性は，生育環境の不均一性の程度，集団の大きさ，他集団との時間的・空間的隔離の程度，創始者効果（もとの集団から少数の個体（創始者）が孤立したときに，新しい集団の遺伝構成はその少数個体の遺伝変異にもとづく），生活環の長さ，繁殖様式，種子散布様式などさまざまな要因によって決定される。農耕地は比較的均一な環境であるため，この点でも雑草集団の遺伝的多様性は低いと推定される。この節では，雑草の除草剤抵抗性集団の遺伝的多様性に関する研究例を紹介しよう。

　カナダで出現したヒユ科のアオゲイトウ（おもに自殖）のトリアジン系除草剤抵抗性集団と感受性集団の多様性がアイソザイム分析法によって調査された結果，感受性集団の多様性の程度が平均で 0.22 であったのに対し，抵抗性集団では 0.11 で，半分程度の多様性しか認められなかった[21]。また，他殖性の野生カブの仲間のトリアジン系除草剤抵抗性集団では，その集団内の遺伝的多様性は 0.153 で，感受性集団のそれ（0.184）と比較して低かったが，その差は他の自殖性の抵抗性集団と感受性集団で報告されているほどの顕著な差ではな

4.10 雑草の除草剤抵抗性集団の遺伝的多様性

かった[22]。先に述べたように，除草剤の散布は雑草に対して強力な選択圧として働き，除草剤が散布されると90%以上の個体が枯死する。このため，除草剤の散布は雑草に対して強力なびん首効果をもたらす。除草剤が散布されると，散布された除草剤に対して抵抗性をもつ個体が生き残り，その個体が創始者となって次世代が更新されていくので，除草剤抵抗性を獲得した自殖性の雑草集団の遺伝的多様性は他の集団と比較して低くなる。

他方，アメリカ・ノースダコタ州とミネソタ州で顕在化したイネ科のカラスムギ（おもに自殖）のトリアジン系除草剤抵抗性集団の遺伝子多様度は0.242から0.268で，感受性集団のそれ（0.236から0.243）と比較して差異が認められなかった[13]。これは，トリアジン系除草剤が散布される以前に自然突然変異で生じた抵抗性個体が，もとの集団に多く含まれていた可能性と大きな埋土種子集団を形成していたことにより，びん首効果が働かず，集団の大きさが小さくならなかったためであろう。このように，除草剤抵抗性集団の遺伝的多様性の低下の程度は，種により，生育地により，さらに抵抗性の起源によってさまざまである。さらに，雑草の除草剤抵抗性集団の遺伝的多様性は，その抵抗性が出現してからの年数，抵抗性出現後も同じ除草剤が使用されているかどうかなどによっても左右される。

では，前節で紹介したコナギのSU剤抵抗性集団ではどうであろうか。SU剤に対して抵抗性を示すコナギが出現した秋田，京都（R1，R2）および福岡の水田4集団とそれぞれの近くで感受性個体が生育する水田5集団の遺伝的多様性を，制限酵素で切断した特定のDNA断片をPCR増幅し，多型を検出するAFLP（Amplified Fragment Length Polymorphism）分析によって評価してみると，抵抗性集団内の遺伝子多様度は0.0043で，感受性集団の約1/10にすぎなかった。また，調査した抵抗性4集団の中にはまったく遺伝的な変異が認められない集団（京都R2集団）が存在した[8]。抵抗性集団は，それぞれ1個体あるいはきわめて少数の抵抗性個体に由来し，その個体が自殖によって種子を生産し，さらに，その水田で毎年連続して除草剤が散布された結果，遺伝子多様度がきわめて低くなったのである。他方，毎年除草剤が散布されているにもかかわらず，感受性集団である程度の遺伝的多様性が認められた理由のひとつとして，埋土種子集団の存在がある。コナギの種子は明条件下でよりよく発芽し，発芽率が初夏に最も高く，秋に向かうにつれて低下する[4]。土中深くに埋まった種子はその年には発芽せず，翌年以降に耕耘などによって地表近

くへ移動すると，発芽する。空間的な種子散布だけでなく，このような時間的な種子散布によって多様性が維持されているのである。また，雑草は常に人間がかかわっている立地に生育しているため，本来その種がもっている種子散布手段とはまったく異なる自然状態では通常起こりえない方法で種子が散布されることもある。たとえば，水田を耕すトラクターに付着した種子が次にそのトラクターで耕される別の水田に定着し，その種子由来の個体が結実にいたることもある。このようなことによって，強い選択圧によるびん首効果やそれに続く遺伝的浮動にもかかわらず，一定の多様性が維持されているのであろう。

4.11 コナギの開花と交配様式

秋田および京都 R1 の集団では，それぞれの集団内のすべての個体で抵抗性を付与する同じ一塩基置換が同じ遺伝子座で生じていたが，それ以外の複数の遺伝子座ではそれぞれ多型が認められた。自然突然変異や組換えによっても多様性が維持されるが，コナギが部分的に他殖している可能性はないのだろうか。コナギは開放花と閉鎖花をつける（図 4-12）。開放花では，開花する前のつぼみの中で柱頭と葯の位置がきわめて近接しているために（図 4-13），開花前のつぼみの中で送受粉が行われる。また，閉鎖花は，その名前のとおり，花弁が開くことはなく，その花の花粉が柱頭につき，受精する（同花受粉）。このようなことから，コナギは完全に自殖すると考えられていた。もし，コナギが部分的に他殖しているとすれば，除草剤抵抗性遺伝子の拡散範囲は，従来考えられていたよりも広いことになる。そこで，コナギの開花と送受粉の様相を詳細に調査することにした。

図 4-12 コナギの開放花と閉鎖花。

4.11 コナギの開花と交配様式

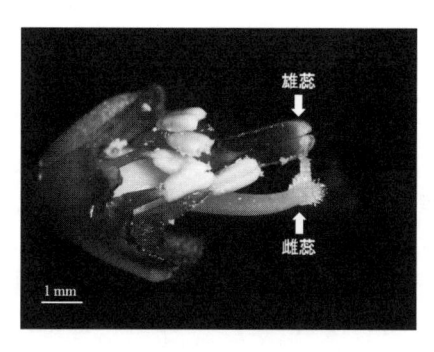

図 4-13 コナギの開放花の雌蕊と雄蕊(藤野美海氏提供)。柱頭に花粉塊が付着している。

　水田でイネが生育しているところでは,コナギが生育する地表近くに到達する光の量は少ない。他方,水田の辺縁部や休耕田の地表近くはイネが生育している水田中と比較すると明るく,昆虫が訪れる頻度が高い。また,ポットでコナギを栽培していると,その開放花には昆虫が頻繁に訪れる。イネの生育密度や草高は水田に生育する雑草の他殖率(遺伝子流動)に大きな影響を与えるのである。まず,水田のこの光環境を模して,コナギが生育する地表近くに到達する光の量がイネの生育に合わせて7月上旬に35%,7月中旬に65%,8月上旬以降は85%それぞれ減少するように寒冷紗をかけて暗くした実験区と,辺縁部を想定した寒冷紗をかけない実験区を設け,それぞれコナギを育ててみた[9]。その結果,田植えが終わった5月上旬に出芽したコナギの個体は,寒冷紗をかけない実験区では1個体あたり平均で111個の開放花と118個の閉鎖花をつけ,寒冷紗をかけた実験区では1個体あたり平均で56個の開放花と91個の閉鎖花をそれぞれつけた。光が十分にあたった寒冷紗をかけない実験区では開放花の数が寒冷紗区の約2倍で,着花数のうち開放花が占める割合も約10%高くなった。この結果は,水田の辺縁部や休耕田などの光条件がよい環境のもとでコナギが生育すればより多くの開放花をつけ,昆虫が訪れる機会も増加し,それだけ他殖する可能性が高くなることを示唆している。

　次に,コナギの送受粉と受精がいつ起こっているのかを明らかにするために,1日を通して1時間ごとにコナギの開花と送受粉・受精の状況を調査した[54]。コナギの開放花は,6時半ころから開花し始める。しかし,この時点で柱頭を観察するとすでに多数の花粉がついており(図 4-13),花柱では花粉管が伸長していた。さらに時間をさかのぼって観察すると,開花前日の22時頃にはす

でに柱頭に花粉が付着し、花粉管が伸長していることが観察された。コナギでは開花前にすでに送受粉が行われているのであった。

さらに、昆虫が訪花しないように目の細かいネットをかけた状態で栽培したコナギの開放花の雄蕊（ゆうずい）を開花にいたるさまざまな段階で除去し、それぞれの結実率を調査した。雄蕊を除去せずにそのままの状態で栽培した開放花では、1果実当たり平均125個の種子が形成された。また、開花直後に雄蕊を除去した後、十分な量の花粉を人工受粉した開放花でも平均125個の種子が形成された。コナギの開放花の子房には、平均して125個の胚珠があり、十分な花粉が供給され、すべての胚珠が受精するとこの数の種子が形成される。開花直後に雄蕊を除去し、以降の同花受粉が起こらないようにした開放花では75個の種子が、開放花が閉じる直前に雄蕊を除去した場合には101個の種子がそれぞれ形成された。これらの結果からコナギの開放花では、開花する前に約60％の胚珠が受精していることが明らかになった。換言すれば、開花前受粉ですべての胚珠が受精しているわけではなく、約40％の胚珠は開花後に受粉・受精するのである。開放花が閉じる直前に雄蕊を除去した場合に形成された種子数（101）と開花直後に雄蕊を除去し、以降の同花受粉が起こらないようにした開放花の形成種子数（75）の差は、開放花の開花中に昆虫による他家受粉が生じる可能性が少ないながらもある可能性を示唆している。また、雄蕊を除去しなかった開放花の形成種子数（125）と開放花が閉じる直前に雄蕊を除去した場合の種子数（101）の差は、閉花後の同花受粉の可能性を示している（図4-14）。現在、実験的にコナギの集団を作り、他殖率を推定する研究を行っている。

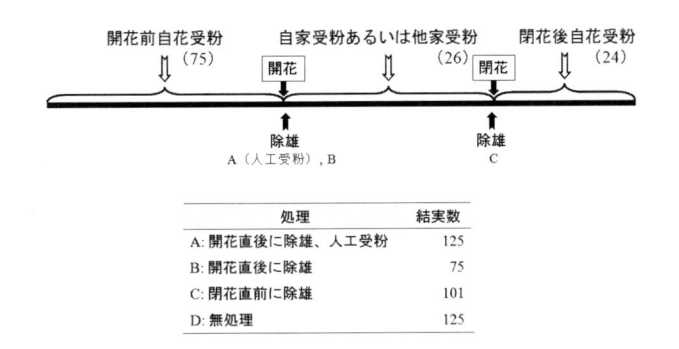

処理	結実数
A: 開花直後に除雄、人工受粉	125
B: 開花直後に除雄	75
C: 閉花直前に除雄	101
D: 無処理	125

図 4-14 コナギの開放花の除雄時期と結実率（[8] から作図）。

4.12 除草剤耐性作物の栽培と雑草

　遺伝子組換え技術によって作出された除草剤耐性（抵抗性）作物の商業栽培が1996年に開始され，2009年には南北アメリカを中心に世界の約8360万haの畑で除草剤耐性のダイズ，トウモロコシ，セイヨウアブラナ，ワタおよびテンサイが栽培されている。また，除草剤耐性と害虫抵抗性の両方を備えた作物（スタック品種）の栽培面積は2870万haであった。これらの除草剤耐性作物は，非選択性除草剤のグリホサート，グルホシネートあるいはブロモキシニルいずれかに対する耐性（抵抗性）を付与されており，当該の除草剤が散布されてもその生育に影響はなく，収穫にいたる。他方，雑草はこれらの除草剤が散布されると完全に枯死する。このため，除草に要する労力や経費が削減され，除草剤耐性作物の栽培面積は急激に増加している。

　除草剤耐性作物の栽培に伴って，雑草の世界にも変化が生じている。これらの除草剤耐性作物の多くは非選択性除草剤のグリホサートに対する耐性（抵抗性）が付与されており，これらが栽培される畑では，グリホサートが連用される。このため，もともとグリホサートが散布されても枯れにくいツユクサ類やスギナ類などの雑草が優占する傾向がみられ，雑草の種多様性は低下する。また，アメリカでは，ダイズ-トウモロコシあるいはダイズ-ワタ-トウモロコシの輪作が行われることが多く，いずれの作物でもグリホサート耐性品種が栽培されるため，グリホサート耐性ダイズの栽培時に，前作のグリホサート耐性トウモロコシのこぼれ種子から芽生えた個体（ボランティア植物：前作の作物が後作で害草となる）が，グリホサート散布後も残存し，ダイズと競争することが問題となっている（図4-15）。これらに加え，グリホサートの連用によっ

図4-15　グリホサート耐性ダイズ畑に出現したグリホサート耐性トウモロコシのこぼれ種子からの個体（佐合隆一氏提供）。

て，グリホサート耐性作物畑以外での出現例も含めると，18種の雑草でこの除草剤に対する抵抗性生物型の出現が確認されている[7]。これらの生物型の抵抗性獲得機構は不明な点が多いが，明らかになった例として，グリホサートが標的とするシキミ酸経路に関与する酵素遺伝子座における一塩基置換，葉からのグリホサート吸収阻害あるいはグリホサート吸収後の転流阻害があげられる。雑草のグリホサート抵抗性生物型の出現は，耐性（抵抗性）作物から耐性（抵抗性）遺伝子が雑草へ拡散したことによるのではなく，まったく独立に自然突然変異で生じた雑草のグリホサート抵抗性個体の頻度がグリホサートの連用によって増加し，顕在化した結果である。したがって，グリホサート耐性作物とはその耐性（抵抗性）の機構が異なっている。

除草剤抵抗性遺伝子の拡散は，抵抗性を獲得した個体の適応度と密接にかかわっているため，抵抗性個体の適応度を評価することがきわめて重要である。4.8節で述べたように，雑草のグリホサート抵抗性生物型が今まで顕在化しなかった理由のひとつは，抵抗性を獲得した個体の適応度の低下であることが，イネ科のボウムギで報告されている[16–18]。しかし，その理由に関しては，まだ不明な点が多い。抵抗性生物型の適応度は，農耕地や自然集団中における抵抗性個体の頻度の変化に直接かかわる形質であるため，今後一層のデータの蓄積が求められる。

除草剤耐性作物の栽培に関しては，当該作物と近縁野生種との間の雑種形成による除草剤耐性（抵抗性）遺伝子の流動も留意すべき課題である。ところで，現在までの知見では雑草とは異なって作物が人間の手を借りずに自然状態で長年にわたり生育し，繁殖を繰り返すことは一般に困難である。また，作物とその近縁野生種との間に雑種が形成されたとしても，その雑種は作物の特性をある程度もつので，自然状態では適応度が低く，そのため，自然環境中に抵抗性遺伝子が拡散する可能性は低いと推定される。たとえば，日本にはダイズの近縁野生種であるツルマメが生育している。ダイズとツルマメの間にはまれに雑種が形成されるが，その雑種が形成する種子数は少なく，その種子の越冬率はきわめて低いなど，その適応度は自然状態では低いことが示唆されている[32]。ダイズからツルマメへの除草剤耐性（抵抗性）遺伝子の拡散に関しては，まだまだ解明しなければならない課題が残っているが，現在のところ，ダイズの除草剤耐性（抵抗性）遺伝子が自然環境中に拡散する可能性は高くないようである。しかしながら，セイヨウナタネやトウモロコシなどいくつかの作物では，その近縁野生種との間で遺伝的交流が自由に行われ，作物 - 雑草複合を形成し

ている。この場合，雑種の適応度は低くなく，戻し交雑も頻繁に生じているので，抵抗性遺伝子が自然集団に残存し，拡散する可能性が高い。セイヨウナタネとアブラナ科の雑草，トウモロコシとテオシントなど作物 - 雑草複合における除草剤抵抗性遺伝子の拡散に関しては，今後も継続的な観察が必要である。

　雑草は，農耕に伴うさまざまな耕種操作にみごとに適応し，水田や畑で繁栄している。雑草は，農耕地とその周辺だけでその集団を維持することができる農耕地のスペシャリストである。しかし，農業の形態が急激に変化すると，雑草の進化のスピードがそれに追い付かず，絶滅したり，絶滅の危機に瀕している雑草も存在する。他方，除草剤に対する抵抗性を獲得した雑草のように新たな農業の形態にしたたかに適応している雑草も存在する。雑草という植物は，農業の形態が変化しても姿かたちを変え，今後もしたたかに生き残っていくであろう。

引用・参考文献

[1] Baker, H. G. : *Annual Review of Ecology and Systematics*, **5**, pp. 1-24, 1974.
[2] Burnet, M. W. M. et al.: *Weed Science*, **42**, pp. 369-377, 1994.
[3] Cavan, G., V. Potier and S. R. Moss: *Weed Research*, **40**, pp. 301-310, 2000.
[4] Chen, P. H. and W. H. J. Kuo, *Weed Research*, **39**, pp. 107-115, 1999.
[5] Délye, C.: *Weed Science*, **53**, pp. 728-746, 2005.
[6] Grime, J. P.,: *American Naturalist*, **111**, pp. 1169-1194, 1977.
[7] Heap, I. : The International Survey of Herbicide Resistant Weeds. URL: http://www.weedscience.com, accessed on April 30, 2010.
[8] Imaizumi, T. et al. :*Weed Research*, **48**, pp. 187-196, 2008.
[9] Imaizumi, T., G. X. Wang and T. Tominaga : *Weed Biology and Management*, **8**, pp. 260-266, 2008.
[10] Jasieniuk, M., A. L. Brûlé-Babel and I. N. Morrison : *Weed Science*, **44**, pp. 176-193, 1996.
[11] Mallory-Smith, C. A., Thill, D. C. and Dial, M. J. : *Weed Technology*, **4**, pp. 163-168, 1990.
[12] McCourt, J. A. et al. : *Proceedings of National Academy of Sciences of the United States of America*, **103**, pp. 569-573, 2006.
[13] Mengistu L. W., C. G. Messersmith and M. J. Christoffers: *Weed Research*, **45**, pp. 413-423, 2005.
[14] Nybom, H. : *Molecular Ecology*, **13**, pp. 1143-1155, 2004.

[15] Ohsako, T. and T. Tominaga : *Genes and Genetic Systems*, **82**, pp. 207-215, 2007.
[16] Pederson, B. P. et al. : *Basic Applied Ecology*, **8**, pp. 258-268, 2007.
[17] Preston, C. and A. M. Wakelin : *Pest Management Science*, **64**, pp. 372-376, 2008.
[18] Preston, C. et al. : *Weed Science*, **57**, pp. 435-441, 2009.
[19] Ryan, G. F.: *Weed Science*, **18**, pp. 614-616, 1970.
[20] Warwick, S. I.: Genetic variation in weeds: with particular reference to Canadian agricultural weeds. In: "Biological Approaches and Evolutionary Trends in Plants (ed. Kawano, S.)", pp. 3-18, Academic Press, 1990.
[21] Warwick, S. I. and L. D. Black : *New Phytologist*, **104**, pp. 661-670, 1986.
[22] Warwick, S. I. and L. D. Black : *Weed Research*, **33**, pp. 105-114, 1993.
[23] Watanabe, H. et al. : *Weed Research*, Japan **27**: pp. 49-54, 1982.
[24] 池田里絵子・三浦励一：農耕の技術と文化, **23**, pp. 43-69, 2000.
[25] 稲垣栄洋ほか：雑草研究, **53**, pp. 123-127, 2008.
[26] 伊藤一幸：除草剤の普及と耕地雑草の変遷『日本の植生：侵略と撹乱の生態学（矢野吾道編）』, pp. 145-158, 東海大学出版会, 1988.
[27] 岩崎桂三・綿島朝次・萩本宏：雑草研究, **25**, pp. 32-37, 1980.
[28] 牛木純・石井俊雄・石川隆二, 育種学研究, **7**, pp. 179-187, 2005.
[29] 梅本信也ほか：雑草研究, **43**, pp. 244-248, 1998.
[30] 汪光熙・草薙得一：植物分類, 地理, **47**, pp. 105-111, 1996.
[31] 大場秀章：『植物分類表』, アボック社, 2010.
[32] 加賀秋人：栽培植物と野生種の交雑・遺伝子浸透の実態と野生化の評価, 第23回日本雑草学会シンポジウム講演要旨, pp. 34-39, 2008.
[33] 角野康郎：『日本水草図鑑』, 文一総合出版, 1994.
[34] 笠原安夫：農学研究, **39**, pp. 111-26, 1951.
[35] 笠原安夫：農学研究, **39**, pp. 143-154, 1951.
[36] 笠原安夫：雑草研究, **12**, pp. 23-27, 1971.
[37] 笠原安夫,『日本雑草図説』, 養賢堂, 1985.
[38] 片岡孝義・金昭年：雑草研究, **23**, pp. 9-12, 1978.
[39] 環境省, 植物レッドリスト（平成19年10月5日修正）, 2007.
[40] 環境省, 特定外来生物の解説.
http://www.env.go.jp/nature/intro/1outline/list/index.html
（2010年2月1日更新）
[41] 草薙得一（編著）：『原色雑草の診断』, 農山漁村文化協会, 1986.
[42] 児嶋清：稲作雑草の発生状況の変化と防除対策,『今月の農業2005年3月号』, pp. 17-23, 2005.
[43] 阪本寧男：半栽培をめぐる植物と人間の共生関係,『講座地球に生きる4：自然と人間の共生（福井勝義編）』, pp. 17-36, 雄山閣, 1995.
[44] 清水矩宏・森田弘彦・廣田伸七：『日本帰化植物写真図鑑』, 全国農村教育協会, 2001.

- [45] 下田路子・宇山三穂・中本学：水草研究会会報，**66**，pp. 1-9，1999.
- [46] 住吉正・保田謙太郎：雑草研究，**54**，pp. 96-98，2009.
- [47] 竹下孝史：雑草研究，**49**，pp. 220-230，2004.
- [48] 武田俊司ほか：雑草研究，**34**，pp. 87-93，1989.
- [49] 辻康男ほか：介良野遺跡の自然科学分析，『介良野遺跡』（高知県埋蔵文化財センター発掘調査報告書第 100 集），pp. 163-200.
- [50] 冨永達：雑草のしたたかな生き残り戦略，『植物を守る（佐久間正幸編）』，京都大学学術出版会，pp. 243-278，2008.
- [51] 長田武正：『増補・日本イネ科植物図譜』，平凡社，1993.
- [52] 沼田真・吉沢長人（編）：『新版日本原色雑草図鑑』，全国農村教育協会，1988.
- [53] 埴岡靖男：雑草研究，**34**，pp. 210-214，1989.
- [54] 藤野美海ほか：雑草研究，**54**（別），106，2009.
- [55] 前川文夫：植物分類地理，**13**，pp. 274-279，1943.
- [56] 松村正幸：岐阜大農研報，**25**，pp. 129-208，1967.
- [57] 嶺田拓也：琵琶湖研究所所報，**21**，pp. 123-130，2002.
- [58] 森田弘彦・中山壮一：雑草研究，**36**（別），pp. 66-67，1991.
- [59] 森田弘彦ほか：雑草研究，**34**（別），pp. 47-48，1989.
- [60] 谷城勝弘：『カヤツリグサ科入門図鑑』，全国農村教育協会，2007.
- [61] 藪野友三郎：雑草研究，**20**，pp. 97-104，1975.
- [62] 藪野友三郎：ヒエ属雑草の分類と系譜，『ヒエという植物（藪野友三郎監修）』，pp. 15-30，全国農村教育協会，2001.
- [63] 山口裕文・大江真道：ヒエ属植物の基本形態と学名，『ヒエという植物（藪野友三郎監修）』，pp. 31-48，全国農村教育協会，2001.

II

生きものの多様性を左右する立地環境

5 立地環境を棲み分けるトンボ

5.1 はじめに

　日本が豊葦原瑞穂（とよあしはらみずほ）の国と呼ばれた古代より，またの名を「秋津州（あきつしま）」や「蜻蛉州（あきつしま）」と言われるほど，トンボは日本人にとって身近な昆虫類の代表だったようである。ユーラシア大陸の辺縁部に位置した温帯モンスーンのおかげで，南北に長い日本列島の大部分は水に困らず，湿潤であった。急峻な地形は，湖や池，川，沼などというさまざまな水環境を作り出している。これらの間には，多様な植物群落がモザイク的に拡がり，その多くは，森林環境であったにちがいない。そして，海沿いの平野部には，広大なヨシ原が拡がっていたであろう。水量や水深，流速，そして周囲の植生がさまざまであればあるほど，トンボにとっての生息場所の種類は多様となり，成虫の飛翔可能な空間は物理的に複雑となり，結果的に，多種のトンボが生息できるようになった。そして稲作が行われるようになった弥生時代から，水田という新たな水環境が出現したのである。
　陸域の水環境として，現在の日本の水田ほど特殊な水環境はない。前年の秋から翌年の春まで，多くの水田は干上がって乾燥している。早ければ菜種梅雨の頃から，遅くても梅雨入り直後から，水田には水が入れられ，田植えが行われる。水の張られた水田の水深は浅く，流れは目に見えないほど遅い。昆虫たちにとっては，沼とも池とも定義できない広大で浅い止水域が一夜にして生じるのである。しかしこの開放的な水域は，イネの急速な成長によって短期間で覆い尽くされ，「水落とし」によって盛夏には消滅し，単純で一様な草地へと変貌してしまう。したがって，秋の刈り取り時，多くの水田に水なぞは存在せず，せいぜい周囲の用水路に流れている程度なのである。ところが，アカトンボ（アカネ属）とよばれる種群は，秋に，水のない水田へやってきてイネの上

を飛び回り，派手な繁殖活動を行っている。広辞苑によれば，「秋津」とはトンボの古名であるという。昔の人々にとっても，身近なトンボとは，秋の刈り入れ時に，まわりを飛び回るアカトンボであったのかもしれない。

　人々の身近で活動しているトンボであるならば，その振る舞いは折に触れて観察され，さまざまに解釈されていたにちがいない。幼虫を，単なる「ムシ」ではなく「ヤゴ」と名付けたと言うこと自体が，昔の日本人は，他の水生昆虫からヤゴを区別し，成虫はヤゴから羽化することを知っていたことを示している。ヤゴは身近な隣人であった。したがって，幼虫時代も成虫時代も，他の小動物をとらえて食べるという捕食者の役割をもっていることには，気がついていたはずである。トンボを「勝ちムシ」と考え，「勝ち」にあやかろうとした武士達は，トンボの姿を兜形や各種工芸品の意匠に使っていた。

　トンボの体は，漢方薬としての利用価値があったらしい。また，詩に詠われ，知らぬ者のない童謡さえある。この歌は1993年に日本で行われたトンボの国際シンポジウムでも紹介され，国際的なトンボの学会のテーマ曲として採用されるようになった。日本人の大人は，子ども達に，枝先に止まっているアカトンボの目の前で指をクルクル回して捕まえるワザを教えている。結果的に，捕まえたトンボの翅や腹をちぎって殺してしまったとしても，子ども達にとって，トンボは，良き身近な遊び相手であった。トンボは危険なムシだと毛嫌いし，子ども達を遠ざけようとした昔の欧米の人々と比べれば，身近な生き物に対する昔の日本人の態度は，客観的で好奇心が旺盛だったといえるかもしれない。「トンボ釣り」も，成虫の習性を知らなければ行えない遊びである。しかしその結果，日本人の大人はトンボのすべてを知ったつもりになってしまった。あるいは，子ども時代の隣人は，子どもの玩具であって，「崇高な学問」にはなじまないか，「お金にならない趣味の研究」の対象と見なされているようである。

　日本において，身近な生き物の名前や習性は，子ども時代にすべて知ってしまっているという思い込みがあるのかもしれない。確かに，「本当に知っている」モノならば，あえて教える必要はないといえる。かつての理科（生物）教育は，子ども時代に戯れた虫たちを通して「生物学の一般論を導く」よりも，今まで知らなかったり直接見ることのできなかったりするような「生物の構造と機能」を，ハイテクを駆使して「教え込むこと」に力がおかれていた。そのため，「生き物の名前を覚える」教育は軽視されるか，枚挙主義に陥るか，実体と結びつかない暗記モノに成り下がってしまった。いずれにしても，そこには将来学ぶことになるはずの分類学や系統学，生態学，進化のための布石として

の学習は考慮されていない。たとえば，ある小学校の教科書では，昆虫の写真（または絵）に対応する名前として「モンシロチョウ」と「トンボ」が並記されており，分類レベルは無視されている。

近年，都市化の進展により身の回りの野生動植物は激減し，児童・生徒は，学校教育でも，日常の体験でも，自然に直接触れる機会が少なくなってきた。しかしそれにもかかわらず，小学校から高等学校に至るまで，自然環境にかかわる教科の教科書では，田園地帯や山村部でなければ見られなくなってしまった動植物を扱った教材が多く呈示されている。その結果，具体的な生き物を知らずに，絵や写真を見るだけとなってしまい，実際の生活に関係する自然の理解が難しくなってきた。そのような現状にもかかわらず，「トンボ」は，環境指標として，また，教材として注目を集めるようになってきている。ところが，トンボの生活史は充分に理解されていないため，さまざまな誤解が生じてしまった。

5.2　トンボの生活史：ヤゴ

一般に，蜻蛉目（トンボ）の幼虫は水中生活をする捕食者である。卵から孵化したヤゴはミジンコなどの小動物を食べて成長し，大きくなるにしたがって，イトミミズやユスリカの幼虫，ボウフラ，オタマジャクシや小さな魚も襲って食べることができるようになる。しかし，ヤゴが獰猛で，水中の王者であるというわけではない。水生動物の一般則といえるサイズ依存性から逃れられないからである。すなわち，種にかかわらず，大きな動物は小さな動物を食べるので，孵化したばかりの小さなヤゴは，メダカをはじめとする小魚の格好の餌となり，大きくなったヤゴはメダカや大きな魚の稚魚を餌とし，大きな魚の成魚は大きなヤゴを餌としているのである。種内で共食いが起こっている可能性も高い（図5-1）。

水環境として，流水か止水かは，ヤゴの生活にとって重要な問題である。前者を生活場所とする種では，下流に流されずに留まるため，流れの速さに対応した形態的特性や定位の仕方，習性が進化してきた。そもそも自然の流れは一定でなく，時として大出水となったり渇水となったりして変動するのが普通なので，これらの種が流水中のどこを生活場所に選択しているかも生活史を理解するのに重要な項目となる。一方，前者と比べれば，後者の環境は，水の流れがないという点においてマイルドであり，安定している。しかしその結果，流水中よりも，生息している水生生物は多く，種の多様性は高く，トンボはその

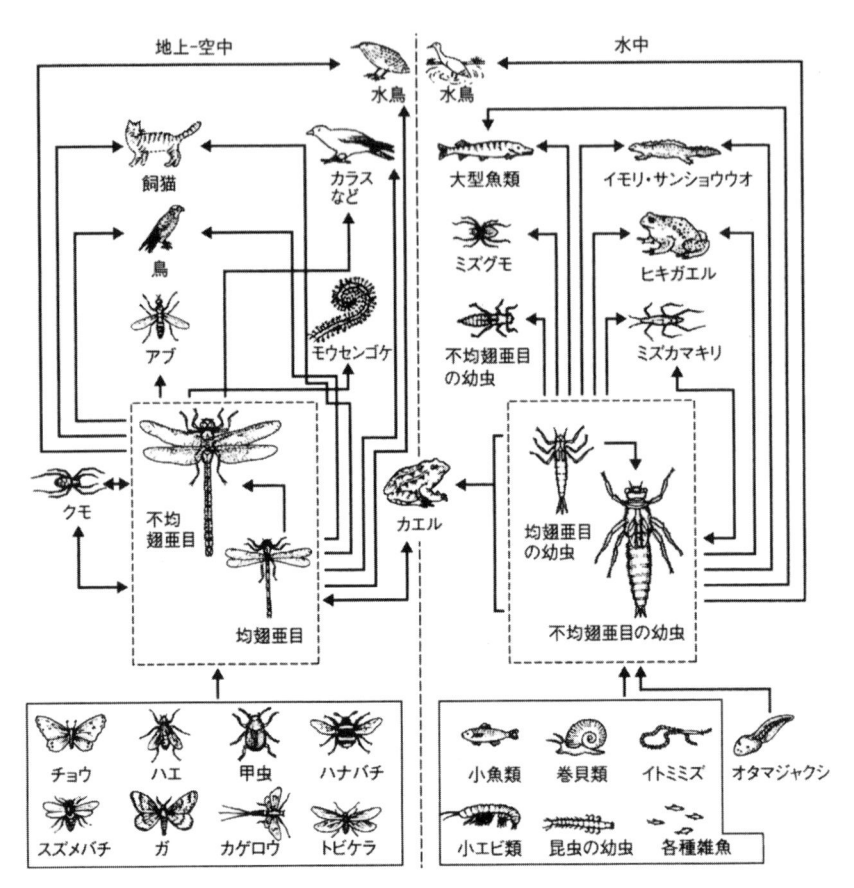

図 5-1 トンボを中心とした食物網。水中生活をする幼虫時代にはサイズ依存性があるため，同じ種に対しても，食ったり，食われたりする関係が生じ，結果として複雑な捕食 - 被食関係が生じている。一方，成虫時代には比較的単純な捕食 - 被食関係となるが，トンボの生活史全体を俯瞰すると，大変入り組んだ食物網になっていることがわかる（[8] より改変）。

構成員のほんの一部にすぎなくなってしまう。当然ながら，種間関係は複雑となり，食う - 食われるという食物網も複雑に入り組んでいる。ただし，湖や池という止水は，普通，中央部が最も深くなっているため，ヤゴの生息場所は浅い辺縁部に限られている。水深が1mを超えると，ほとんどのヤゴは生息できないからである。したがって，湖や池がどんなに大きくても，その面積すべてがヤゴにとっての生息場所ではないので，「ヤゴの生息場所」を考えるときに

は注意が必要である。もっとも、自然の湖や池であればあるほど、陸との境界には植物が生い茂り、浅瀬には抽水植物や浮葉植物、そして水中植物が繁茂しているので、生物多様性の高い場所でヤゴが暮らしているという説明に間違いはない。

　我々の身近にある流水や止水は、直接我々の健康に害を及ぼさなくても、匂いや色、音、周囲の状況などによって我々の五感に影響を与えている。「春の小川のせせらぎ」と「薄汚れたコンクリートのビルの間をよどんで流れる川」とでは、前者が好まれないわけがない。現在、水質の評価基準は大きく4段階に分けられ、BODやCODなどとともに指標生物を調べて総合的に判断するようになってきている。これまでに、カゲロウ類やカワゲラ類、トビケラ類、ハナアブ類、ゴカイ類など30種程度の水生動物が水質汚濁の指標生物として指定されているが、トンボは含まれていない。もちろん、第4段階の最も汚れた水をあえて選んで住んでいるヤゴはいないが、他の3段階の水質に生息する種は、それぞれの水質と比較的良い対応関係にある。したがって、トンボを水界の生物指標のひとつにすべきという議論には一理あるだろう（図5-2）。しかし、後述するように、成虫時代の飛翔習性を考慮すると、水環境だけでなく、周囲の陸域の環境を含めた複合生態系、あるいは景観の生物指標と考えるべきである。これまでに指定されている水質汚濁の指標生物と比べて、トンボの生活空間は明らかに広く、複雑だからである。

5.3　トンボの生活史：成虫

　羽化したトンボは、それまでの水中生活者から一転して空中生活者となる。ヤゴの時代と比べれば、生活空間ははるかに大きい。これまで、トンボの成虫はある程度の制約はあるものの「自由に」空を飛び、「自由に」移動していると考えられてきた。しかし近年、成虫の生理学や生態学が詳しく研究されるようになって、成虫は、従来考えられていたような「自由生活者」ではなく、特定の景観と密接に結びついて生活していることが明らかになっている。

　蛹から羽化し、翅が展開すると直ちに飛翔できる蝶との大きな違いは、トンボの成虫時代には未成熟期（前繁殖期）が存在することである。蝶の場合、雄は羽化後1日位は飛び回らないと繁殖活動に参加できないが、雌は羽化して翅が展開する頃には交尾を受け入れることができ、その翌日には産卵を開始してしまう。雌雄ともに、幼虫時代に摂取した栄養を脂肪体として腹部に溜め込んで羽化してくるので、日齢の若い個体の腹部は膨れているのが普通である。ほ

5. 立地環境を棲み分けるトンボ

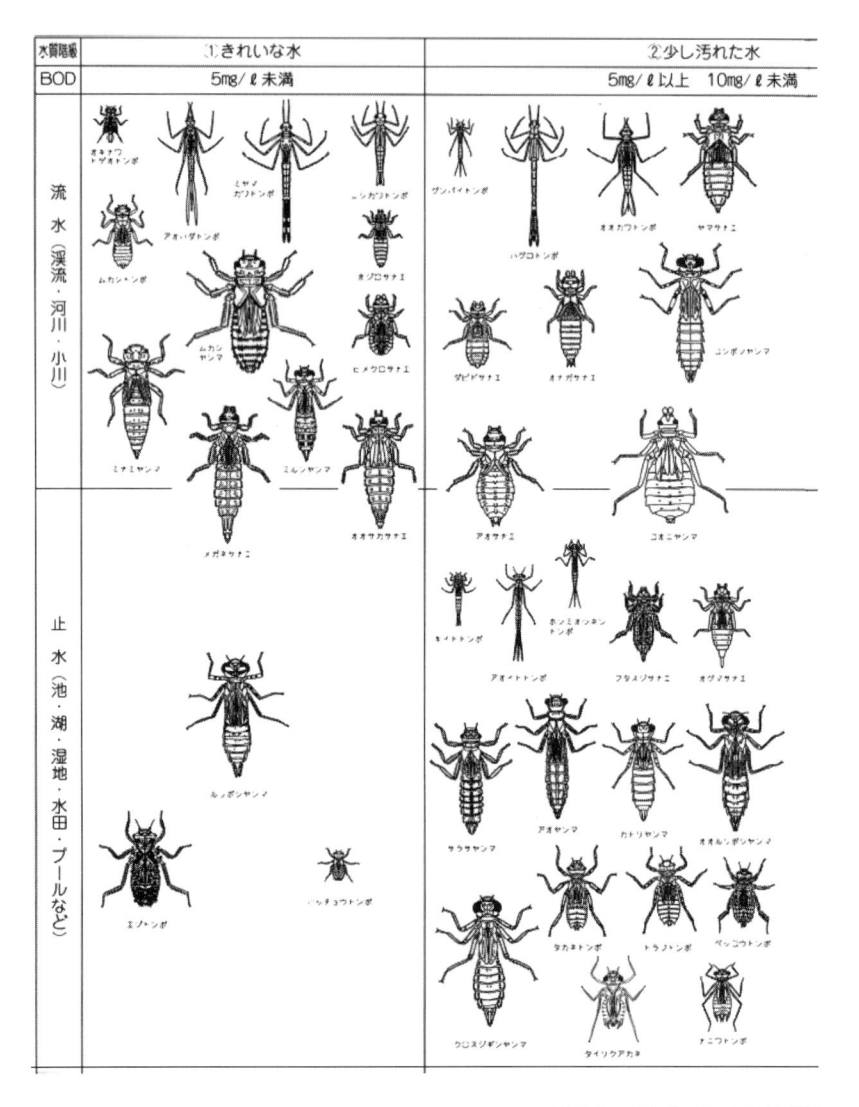

水質階級	①きれいな水	②少し汚れた水
BOD	5mg/ℓ 未満	5mg/ℓ 以上　10mg/ℓ 未満
流水（渓流・河川・小川）	オキナワトゲオトンボ、ミヤマカワトンボ、アオハダトンボ、ムカシトンボ、ムカシヤンマ、ニシカワトンボ、オジロサナエ、ヒメクロサナエ、ミナミヤンマ、ミルンヤンマ、メガネサナエ、オオサカサナエ	サラバトンボ、ハダカトンボ、オオカワトンボ、ヤマサナエ、ダビドサナエ、オナガサナエ、コオニヤンマ、コオニヤンマ
止水（池・湖・湿地・水田・プールなど）	ルリボシヤンマ、エゾトンボ、ハッチョウトンボ	ホソミオツネントンボ、ホソミイトトンボ、アオイトトンボ、フタスジサナエ、オグマサナエ、サラサヤンマ、アオヤンマ、カトリヤンマ、オオルリボシヤンマ、タカネトンボ、トラフトンボ、ベッコウトンボ、クロスジギンヤンマ、タイリクアカネ、ナニワトンボ

図 5-2　おもなトンボのヤゴが

5.3 トンボの生活史：成虫

生活する水環境（[2] より改変）。

とんどの種の蝶は成虫時代に花の蜜しか摂取しないので，羽化時にもっていた脂肪体の量が，成虫の寿命や産下卵数を左右することになる．ところがトンボの場合，羽化後しばらくは体も翅も柔らかく，体色は黄土色や灰色で，図鑑にあるようなその種本来の体色ではない．雌の卵巣はまったく発達しておらず，雌雄ともに，体内に脂肪体がほとんど見られない．したがって，トンボは，羽化後，直ちに摂食を開始して栄養を取り入れる必要がある．

多くの種のトンボは，羽化後，まもなく，羽化場所である水域から去っていく．これを**処女飛翔**（maiden flight）という．目的地は種によって異なり，アキアカネのように，羽化場所からはるかに離れた山地の場合もあるが，多くは，近くの樹林や水域に接する草地，灌木の間などである（図5-3）．これまでに，定量的に調べられた種の中で，処女飛翔によって羽化場所の水域からほとんど移動しない種は，日本に産する200余種のうち，ヒヌマイトトンボとアオハダトンボ，ミヤマアカネの3種にすぎない．

処女飛翔先で，トンボは未成熟期を過ごす．この間，雌雄とも繁殖活動は行

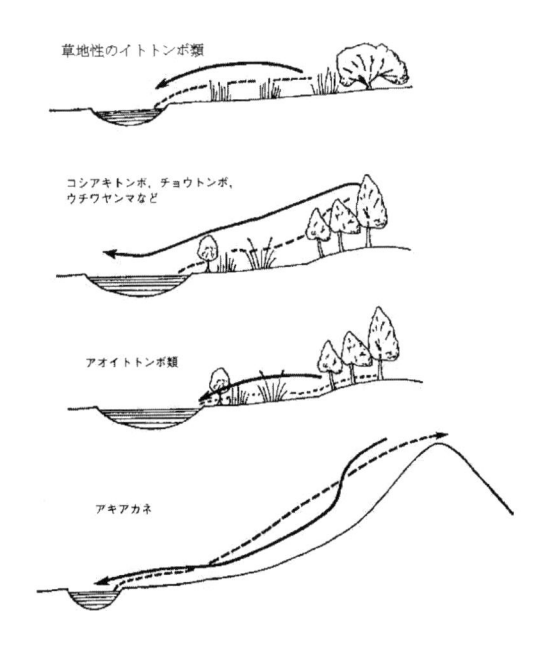

図 5-3　羽化したトンボの処女飛翔先．縮尺が同一ではないことに注意（[5]より改変）．

わず，もっぱら，摂食活動を行っている。体色は徐々に種特異的な色へ変化し，性的に成熟すると，水域へ戻る種が多い。未成熟期の長さは種によって大きく異なっている。アカネ属では1～2か月の種が多く，均翅亜目では数日以内という種が多い。ただし，ホソミオツネントンボのように成虫越冬する種では，夏に羽化して，未熟期のままで冬を越し，翌春，成熟して繁殖活動を行うので，未熟期の長さは6か月を優に超えている。いずれにしても，処女飛翔先と羽化場所の水域からそこまでの経路は，トンボの成虫の生活にとって不可欠であり，これらの生息環境が安定していなければ，その種は存在できないのである。

種特異的な体色に変化し，成熟期（繁殖期）に入ったトンボは，処女飛翔先を，摂食場所や休息場所，寝場所などに利用して，産卵場所である水域と往復するようになる。また，処女飛翔先から水域へと移動してしまい，水域に留まって繁殖活動を開始する種もいる。成熟期になったトンボにおいて，活動時間中の多くを飛翔することに費やしている種をフライヤー，枝先や草の葉先に止まって（静止して）いる時間が長い種をパーチャーとよぶ。繁殖システムとしては，縄張り制，乱婚制，疑似レック制などが知られてきた。これらの繁殖活動は，水域の産卵場所で行われたり，水域の近傍で行われたりと，種によって異なっている。したがって，これらの形質がさまざまに組み合わされた結果としての多様な繁殖活動が，我々の目前で繰り広げられることになる。なお，同一の種内でも，個体によって異なる繁殖習性を示すことができる可塑性の高い種も存在することがわかってきた。

産卵行動において，雌が単独で行うか，雄と連結して行うかは，種によってほぼ決まっており，その理由は，蜻蛉目における精子間競争の観点から説明されている。すなわち，多くの種において，交尾時に，雄は雌が溜めていた以前に交尾した雄の精子を掻き出して，それから自らの精子を注入するという「精子置換」を行っているのである。したがって，産卵行動における雄の行動は，雌の再交尾を防ぎ，自らの精子で受精した卵を産んでもらう目的のためのさまざまな工夫の結果といえよう。卵は，空中からばらまかれたり，水中に放出されたり，水中の泥や礫の中に入れられたり，水中植物や抽水植物，あるいは樹木の枝の中に挿入されたりする。これらの種特異的な習性は，トンボの生活場所が，水域と陸域を併せた特定の植生景観に対応しているので，植物景観が多様であればあるほど，そこに生活できるトンボの種も多様になっていく。

5.4 樹林 - 池沼複合生態系

多くの種にとって，処女飛翔の行く先としての樹林は，未熟期の摂食場所であり，樹林が作り出す物理的構造や光環境が巧みに利用されている。とくに，樹林内の湿度は樹林外よりも相対的に高く，気象条件も温和なので，体のまだ柔らかい未熟期の成虫にとって，樹林内は好適な無機的環境条件になっているといえよう。彼らは，飛翔活動をある程度自由に行える空間を選択して定位し，終日，小昆虫の摂食に努めている。定位する場所は種によってそれぞれ異なるが，不均翅亜目のフライヤーであっても，未熟期では，樹林内でパーチャー的行動を示し，ギャップを利用することが多い。このような場所には，餌となる小昆虫も多く集まっている。一方，均翅亜目では，ギャップよりも木もれ日のあたる陽斑点を利用する種が多い（図5-4）。

近年，成熟した後も樹林を利用して生活している種が多く知られるようになってきた。田園地帯で見られるトンボには，日中は池沼や水田で活動し，夕方になると近傍の樹林内へ戻って寝る種が多い。雑木林と溜池が接しているような里山では，陽斑点を利用した繁殖行動を行い，溜池の縁で産卵する均翅亜目も報告されている。これらの種は，樹林と水域のどちらが欠けても生息でき

図5-4 スギ林の中にできたギャップ（左）とミズナラ林の中の陽斑点（右）。ギャップの場合，樹冠が大きく開いた部分から太陽光は直接地表まで届く。陽斑点の場合，木漏れ日として林床までスポットライトのように太陽光が落ちる。

ず，常にひとまとまりになっていなければならないため，樹林 - 池沼複合生態系の指標種といえよう．

産卵場所である水域の近郊の樹林を積極的に利用している種も知られるようになってきた．たとえばカワトンボの場合，雄に出現する2型（橙色翅型と透明翅型）の樹林の利用方法はまったく異なっている．すなわち，成熟期において，橙色翅型雄は，朝，寝場所である樹林から出て，産卵場所となる開放的な小川で縄張りを作り，雌の飛来を待とうとする．縄張り闘争に負けた雄は，終日，縄張りのまわりをうろつくが，雌とはほとんど交尾できない．夕方，これらの橙色翅型雄は，すべて，樹林内へ戻って寝ることになる．一方，透明翅型雄は，小川へ出ても，縄張りを作らず，橙色翅型雄が作った縄張りの近くのやや閉鎖的な場所に定位し，産卵のために飛来した雌を，縄張りに入る前に捕まえて交尾しようとしている．彼らは縄張りをもつ橙色翅型雄との間で闘争をほとんど起こさないものの，自らの定位場所をめぐっては，他の透明翅型雄と激しい闘争行動を行う．その結果，定位場所をめぐる闘争に敗れた透明翅型雄は，樹林内へ戻り，陽斑点をたどって徘徊するようになる（図5-5）．雌は産卵時のみ水域を訪問し，その他の時間はすべて樹林内で生活しているので，闘争に敗れた雄が樹林内を徘徊するのは，雌の発見と交尾に関しては，意味のある行動といえる．ただし，そこで行われた交尾において注入した精子の多くは，その雌が産卵場所を訪問したとき，その場で縄張りを作っていた橙色翅型雄によって掻き出されてしまうため，樹林内で交尾した透明翅型雄の子孫が産み出される確率は低い．

図 5-5　林内の陽斑点で静止するカワトンボ．この個体は，翅に個体識別のための番号が書かれている．

性的に成熟しても樹林内に留まって生活するトンボの生理生態学的研究も進み，とくに，成虫の体温調節機構が解明されてきた。トンボの体温は，周囲の気温と，直射光によって受ける熱，風，の3つに影響を受けるが，体温を可能な限り安定させるために示されるさまざまな習性が報告されている。カワトンボの例では，橙色翅型雄は直射光を受けても体温が極度に上昇しない機構をもち，透明翅型雄はその働きが弱いので，生息地選択が前者では開放的，後者では閉鎖的環境とならざるを得ないことが明らかにされた。雌は，透明翅型雄と同様の体温調節機構をもっているため，開放的な小川で終日生活するのは難しいが，産卵は開放的な水面上の植物の組織内に行うため，しばしば，水の飛沫を浴びたり，自ら腹部を水中につけたりして，体温を下げている。これらの結果は，夏の樹林内は，多くのトンボにとって好適な熱環境であることを示唆している。

5.5　水田のトンボ

　春になって，水田に水が張られ，田植えが行われると，真っ先に姿をあらわすのは，成虫越冬したトンボである。東海地方の里山の谷戸水田では，4月中旬に田植えをすることが多く，そこへはホソミオツネントンボが成熟した体色となって，周囲の雑木林から飛来し，田植え直後のイネの葉や茎に産卵を始めている。谷戸の奥の水田への飛来数は比較的多いが，産卵期間が短いことと，田植え直後のイネに大きな害が認められないことなどにより，人々に気がつかれにくく，この時期のホソミオツネントンボにはほとんど関心が払われていない。一方，水田の周囲の雑木林の中には，夏から，秋，冬を通して，全身が焦げ茶色のホソミオツネントンボの未熟期の個体が見いだせるはずである。とくに，晩秋から冬の間でも，小春日和なら，明るくなった雑木林の低木層や草本層の間を飛翔しているのが見られるにちがいない。今後，里山の雑木林の観察会がさらに盛んとなれば，ホソミオツネントンボは，観察会のときの最も身近なトンボとして認められるであろう。ホソミオツネントンボの生活史を正しく理解することは，水田と雑木林を組み合わせた里山景観の理解の出発点となるかもしれない。

　ホソミオツネントンボの産卵期間が終了した頃から，谷戸水田の奥の方ではシオヤトンボが羽化を始める（図5-6）。年一化性のシオヤトンボの飛翔季節が終わる5月末頃から，シオカラトンボが出現しはじめ，夏の終わりまで見ることができる。シオヤトンボとは異なり，シオカラトンボは谷戸の出口や広大

5.5 水田のトンボ

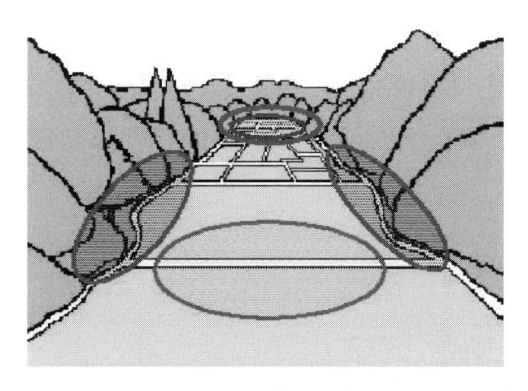

図 5-6 成虫となったシオカラトンボ属 3 種の谷戸水田の利用場所。手前が谷戸水田の出口にあたる。谷戸の奥がシオヤトンボ、谷戸水田出口の水田内をシオカラトンボ、谷戸水田と樹林の境界部分はオオシオカラトンボの利用場所である。

な水田という開放的な環境を好むので、水田だけではなく、明るい池や沼、都市部の人工池などにも出現し、さらには、住宅の庭の池にも産卵している。処女飛翔先が樹林内の半日陰という性質は、人工的な庭園でも、ある程度庭木があって灌木があれば、処女飛翔先として利用できることを意味している。その結果、水田のみならず住宅地でも発見できるので、身近なトンボとして親しまれてきた。この種の雌が、あえてムギワラトンボと区別して名付けられているのも、昔から人々に知られていたことを示唆している。夏になると、谷戸の奥や、水田と雑木林の境界という半日陰には、シオヤトンボに代わってオオシオカラトンボが飛翔するようになる。これらのシオカラトンボ属 3 種は、水田の所々に生じている常に水で湿った泥の中や、用水路の泥の中で、ヤゴとして冬を越し、谷戸水田周囲の雑木林を処女飛翔先とし、また、摂食場所や寝場所としている。シオカラトンボ属 3 種は、水田における飛翔季節や生活場所を互いにずらして生活しているのである。

　乾燥した水田の土の中で冬を越したトンボの卵は、水張りと同時に一斉に孵化を始める。同時にミジンコをはじめとした小動物も増殖を始めるので、水田という浅い水の中には、ヤゴにとっての餌が豊富に存在するといえる。このときに孵化を始めたトンボの大部分はアカネ属であり、一斉孵化したヤゴは、かなり揃って成長していく。水落とし前の季節になると、イネは生長しており、水田の中に開放水面は消失している。その頃がアカネ属の羽化時期なので、通常の水田の水管理において、アカネ属の幼虫は水不足には陥らない。すなわち、

アカネ属の幼虫は人間の水田耕作に適応した生活史をもっているといえる。

夏の終わりになると，水田の上空を飛び回るトンボはアカネ属ばかりとなってしまう（図5-7）。その後，優占種は移り変わるものの，秋の終わりから初冬まで，水田の主人公はアカネ属が維持している。刈り取り後の水田は乾燥しているため，他種のトンボはほとんどやってこない。したがって，我々が水田で活動するトンボに気づくのは，比較的個体数の多いアカネ属であり，それは秋になってからなのである。そして，アカネ属こそ，身近なトンボなのである。

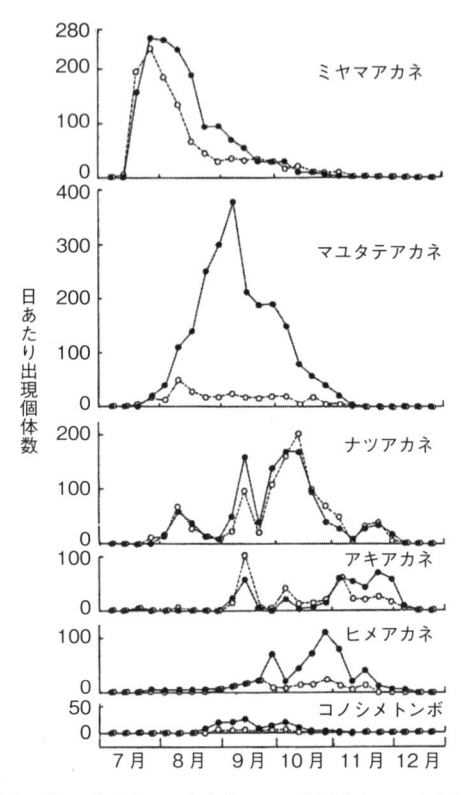

図 5-7 関東地方西部の谷戸水田に生息するアカネ属成虫の日あたり個体数の季節消長。黒丸が雄，白丸が雌を表す。ミヤマアカネがアカネ属の中で最も早く出現することがわかる。マユタテアカネとヒメアカネの出現性比は大きく雄に偏っており，繁殖活動様式が他種と異なっていることを推測させる（[7] より改変）。

5.6 里山のアカネ属

　里山の水田を利用して生活しているアカネ属の生活史は，他のトンボと比べると，大きく異なっている．すなわち，すべての種が卵越冬をし，卵は，乾燥した土の中でも，ある程度湿った土の中ででも冬を生き延びることができ，たいていの場合，田への水入れと同時に孵化するのである．したがって，水の張られた田の中では，さまざまな種のアカネ属のヤゴが同時に成長を開始することになる．その結果，アカネ属という複数の種の集まった幼虫群集ではありながら，実際には，たった1つの種個体群のように幼虫たちは振る舞い，サイズ依存的な食う-食われる関係をもち，そして多分，ヤゴ同士の共食いも生じている．いずれにしても，ヤゴは，イネの伸長生長と競い合うようにして成長し，水落とし直前には，水中から空中へと脱出に成功するのである．

　幼虫時代，あたかもたった1つの種であるかのように振る舞っていたアカネ属は，成虫時代になって，振る舞いが多様化し，日本のトンボに見られるさまざまな飛翔習性や採餌習性，繁殖活動を，たった1つの属で示すようになる．まず，処女飛翔の距離が種によって大きく異なっている．最も長距離移動を行うのはアキアカネで，羽化場所の水田からはるかに離れた山地帯（まれには高山帯まで）へと飛翔していく．最も短距離の移動を示すのはミヤマアカネで，羽化場所の水田の畦や隣接する灌木などを含む藪までしか移動せず，水田の中に留まる個体も多い．そのほかのアカネ属は，これらの中間的な距離の処女飛翔を示し，多くは，近傍の雑木林や里山林の中へと入っていく（図5-8）．

　未熟期の長さも種によって異なっている．一般に，処女飛翔で長距離移動する種は未熟期が長く，短距離移動する種は短い．ホソミオツネントンボほどではないにしろ，アキアカネの未熟期の長さは2か月を超え，ミヤマアカネでは1～2週間であろうと考えられている．ノシメトンボは中間的な移動距離をもち，その未熟期は1か月から1か月半の間である．未熟期の個体のほぼすべての時間は摂食に費やされており，ギャップ内におけるトンボの餌となる小昆虫の研究も進められるようになった（図5-9）．

　成熟した後，アキアカネは処女飛翔先から去ってしまう．すなわち，山から下りるのである．この時，集団で一定の方向に飛翔することがあり，「秋の空高く，アカトンボの大群が飛んでいた」という報告例は多い．このような移動を群飛とよぶ．マユタテアカネやヒメアカネの雄は，処女飛翔先の雑木林から出て，毎日，朝から夕方まで，水田で活動するが，夜の寝場所として，もとの雑

図 5-8　林内のギャップにおいて，小枝の先端で静止する未熟期のノシメトンボの雌。斜め上方を通過しようとする小昆虫を襲うことが多く，この姿勢で，直ちに離陸できる準備が整っている。

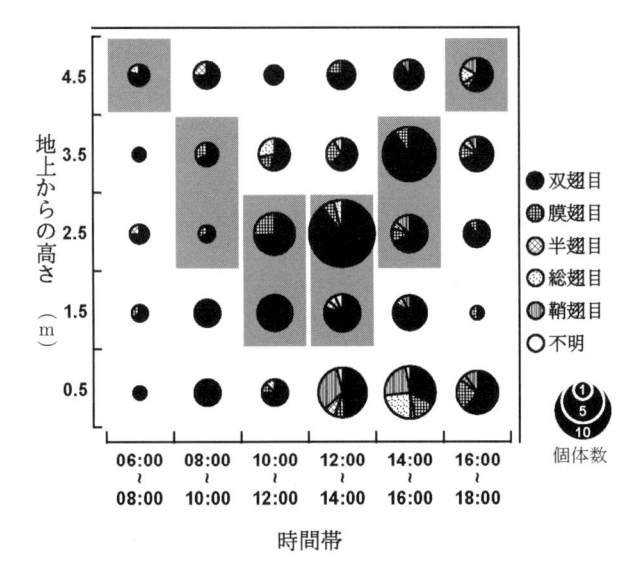

図 5-9　林内ギャップで捕獲された小昆虫の種数と個体数の日周変化。網掛けの部分は，その時間帯にノシメトンボが静止している高さから捕食可能な高さを表している。この結果は，地表近くを除くと，ノシメトンボは比較的餌の多い高さを選んで，静止していることを示している（[3] より改変）。

5.6 里山のアカネ属

木林を利用することが多い。一方、これらの種の雌は、産卵時のみ水田を訪れ、それ以外は雑木林の中で摂食したり休息したりしている。雌雄とも、処女飛翔先の樹林に留まる種もいる。ノシメトンボの場合、処女飛翔先は林内ギャップで、雌雄とも、そこで摂食活動を行っているが、この場では、成熟した個体の間ですら繁殖活動は見られない。雌は約 1 週間かけて、体内で卵生産を行い、水田で産卵活動を行う日には、朝、林縁部へと移動する。林縁部で待ち構えていた雄は、雌を見つけると直ちに連結し、交尾し、連結態となって水田へと飛行する。産卵は短時間で終了し、その後、雌は直ちに、雄はしばらくしてから林内へ戻り、再び、約 1 週間の摂食中心の期間を過ごすのである（図 5-10）。ノシメトンボの成熟期の長さは約 1 か月半で、水田への訪問回数は生涯に 6～7 回なので、ノシメトンボの成虫時代の生活場所は、ほぼ、樹林内に限られているといえよう。

多くの不均翅亜目の成虫は、これまで、飛翔筋の強力さと飛翔習性から、フライヤーと定義されている。アカネ属もその例に漏れず、すべての種がフライヤーと見なされていた。確かに、アキアカネが大群で高空を飛翔しているのは、ウスバキトンボが高空を滑空飛翔しているのと同様であり、フライヤーとしての特徴をもっている。ノシメトンボやナツアカネ、コノシメトンボも、連結態となって水田の上を飛び回るので、フライヤーと見なされるであろう。しかし、

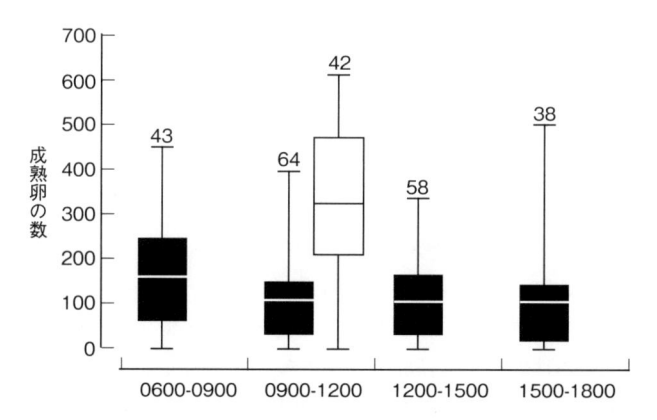

図 5-10 繁殖期に入ったノシメトンボの雌がもっている成熟卵（産卵可能な卵）の数の日周変化。箱ひげ図で表され、最大値と最小値が示されている。黒が林内ギャップで捕獲した雌、白が水田で捕獲した雌。ノシメトンボの産卵時間は午前中に限られている。また、水田で捕獲した雌には、林内ギャップから到着したばかりの産卵直前の個体から、産卵直後の個体までが含まれている（[1] より改変）。

水田横の用水路や湿地で示されるヒメアカネの雄の縄張り行動や，水田のイネの穂先上で示されるマユタテアカネの雄の占有行動では，静止して周囲を見張る振る舞いを頻繁に示すので，これらの種は，真性のフライヤーといえそうにない。ノシメトンボは，樹林内のギャップで生活しているときはパーチャーの振る舞いを示し，フライヤーの振る舞いを示すのは，水田で繁殖活動を行うときだけなので，一生の長さと比べると，飛翔するのはほんの短時間にすぎないことがわかってきた。したがって，アカネ属の飛翔習性は，同一の個体が，時と場合によってフライヤーとパーチャーを使い分けている可能性があると考えられる。

水田で，たまたま出会った単独の雌雄が，交尾・産卵することは観察できても，アカネ属の雌雄の交尾行動が普通に行われている場所は，ほとんど知られていない。確かに，ヒメアカネの雄は水田横の用水路や湿地で縄張りを作るので，交尾・産卵は，縄張り内で行われている。マユタテアカネやミヤマアカネの交尾・産卵は水田の中で認められる。ノシメトンボの雌雄は，朝，林縁部で出会って交尾し，そのまま連結して水田を訪れている。しかし，ノシメトンボと同様に連結態で水田を訪れるナツアカネやコノシメトンボは，どこで雌雄が出会い，どこで交尾しているのかまったくわかっていない。

不均翅亜目の産卵方法は，ギンヤンマのような植物組織内産卵を除くと，アキアカネのような連結打泥産卵，マユタテアカネやヒメアカネのような打水産卵と，他の蜻蛉目と共通性をもっている。これらの産卵方法は，読んで字のごとく，泥水の中へか，開放水面の中へ，雌が腹部末端を挿入，あるいは触れることで行われている。しかし，アカネ属の特徴は，ノシメトンボやナツアカネ，コノシメトンボに代表される連結打空産卵である（図5-11）。すなわち，これらの種は，雌雄が連結してイネの穂先の上を飛翔しながら，雌がイネの上空から卵をばらまくという方法なのである。このような産卵方法に適応して，卵は球形で，ピンポン球のように弾み，その結果として，イネの根元へと落ちていく。しかし，この産卵方法は，自然界では危険である。

打泥産卵や打水産卵という産卵方法は，ある程度確実な子孫の残し方である。意地悪な人間や通り雨によって作られた泥水や水たまりを除けば，これらの水環境は，卵の孵化とヤゴの生活を保障してくれるにちがいない。しかし，打空産卵の場合，卵やヤゴの生存にとって不確定要素が多すぎる。まず，トンボの雌雄からみて，イネで覆われている下の地表面に，水や湿地，泥水があるかどうかわからない。ふつう，この時期の水田は水が落とされ，乾田化されている

5.6 里山のアカネ属

図 5-11 水田のイネの上をホヴァリングしながら産卵（連結打空産卵）するノシメトンボの雌雄。前が雄，後ろが雌。

ので，土壌は硬く，水はないので，産み落とされた卵が，弾みながら地上部に達したとしても，そこは，陸地にすぎないのである。そもそも，雌達は，この陸地が，翌春に広大な浅い水域に変貌することを知っていて産卵しているのではない。近年，打空産卵が開始される刺激として，水田上の水蒸気圧の変化が指摘されている。その結果，雌達は，水田全体にわたって産卵活動を行うことになり，卵は水田全体にまんべんなく散布されることになった。したがって，人間による水田耕作が，毎年，安定して継続されている限り，打空産卵する種は適応的なのである。逆にいえば，休耕田として水田の水張りを中止したり，作付け品種を変更して水管理を変えたりした場合，打空産卵を行う種は生きてゆけなくなってしまうのである。

もし，水田耕作が毎年安定して継続されているとしたら，打空産卵する種の卵は水田全体に産下されることになる。これに対して，打泥産卵や打水産卵する種の卵の分布は，水田のごく一部に限られてしまう。刈り取り前の水田なら，イネの株の間に入れないため，水田の縁に残っている泥水しか産卵場所はなく，刈り取り後では，降雨後の水田内に所々できた水溜まりがおもな産卵場所となるにすぎないからである。したがって，翌春，田に水が入った直後では，打空産卵する種のヤゴが水田全体に分布し，その他のアカネ属のヤゴは局所分布している可能性が高い。すなわち，水田の水管理が安定している田園地帯では，打空産卵する種が多く生息し，なんらかの要因で水管理の不安定な場所には，

打空産卵する種が少ないことを予測させる。この結果は，トンボの生活を理解するためには，水域と陸域を併せた複合生態系の概念を導入する必要があるとともに，とくに我々の身近なトンボであるほど，人間による水域の水管理方法が，トンボの生息状況に影響を及ぼしていることを示している。

5.7 学校プールのトンボ

　近年，学校プールがトンボの幼虫の生息場所として見直されるようになってきた。学校プールは，一部地域を除いて日本の小中学校に必ず設置され，その多くが戸外で，校庭の端に位置し，防火上の観点からも，常に水が蓄えられているという特徴をもっている。トンボの幼虫がせいぜい1mほどの深さまでの水深を好むということは，中学校よりも小学校のプールが，構造上，幼虫の生息場所となる可能性の高いことを示していよう。都市部において，公園内の人工池とともに学校プールは，トンボの生息できる貴重な水域となっているのである。

　これまで，学校プールはトンボの幼虫の生活場所として重要視されていなかった。夏季のプール使用中は固形塩素などを投入して消毒を行うため，トンボの幼虫を含めた水生生物の連続的な生存が期待できないからである。しかも学校プールは，毎年，児童・生徒のプール学習の前の6月に掃除され，水はすべて入れ替えられてしまう。したがって，前年の秋から成立していたプール内の水生生物群集は，少なくとも年に1回水と一緒にきれいさっぱりと流されてしまうのである。トンボの生活場所としての学校プールは，毎年，夏の始まりにゼロにリセットされ，プール実習終了後から新たな出発が始まるということを繰り返しているといえよう（図5-12）。もちろん，これでは，ヤゴにとって必要な摂食場所や避難場所などを提供するはずの水生植物群落などは成立しようがない。プールの底に堆積している近所から飛んできた葉や枝，土埃などしかヤゴの生活場所にならないのである。したがって，学校プールとは，毎年必ず起こる水環境の大変動と貧弱な植物環境をもつ不安定な生息地となり，その結果として，学校プールで生活を完結できるトンボの種は限定されている。

　羽化後，性的に未熟な期間を樹林で過ごすような種は，学校プールにヤゴの生活水域を確保しただけだけでは生息できない。それでも定着させようとするならば，学校プールに隣接してかなり密生した樹林を造成せねばならず，学校プール設置の目的とはかけ離れてしまう。したがって，学校プールとは時間的だけでなく空間的にも不安定な生活場所であるといえ，そのような環境に適応

5.7 学校プールのトンボ

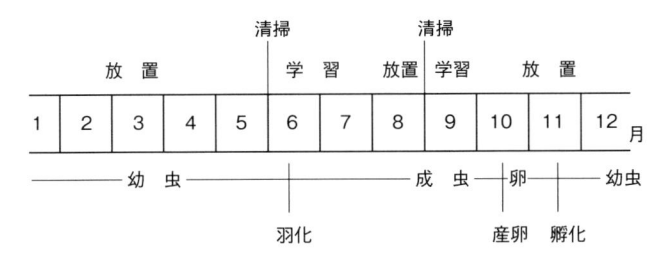

```
          清掃        清掃
    放  置 │学習│放置│学習│ 放  置
 ┌─┬─┬─┬─┬─┬─┬─┬─┬─┬─┬─┬─┐
 │1│2│3│4│5│6│7│8│9│10│11│12│月
 └─┴─┴─┴─┴─┴─┴─┴─┴─┴─┴─┴─┘
   ──── 幼虫 ────┼── 成 虫 ──┼卵┼── 幼虫
                 羽化        産卵 孵化
```

図 5-12 京都市内における小学校プールの運営と飛来するタイリクアカネの発生経過。この学校では，年に 2 回のプール掃除が行われて，生息環境がかく乱されるが，タイリクアカネの生活史は，結果的に，そのかく乱時期をうまく避けることができている（[6] より改変）。

した生活様式をもつトンボしか生息できないのである。

環境変動が大きいとはいえ，学校プールには，1 年を通してほぼ水が満たされているので，幼虫期間が短く，処女飛翔先に柔軟性をもち，長距離飛翔を行える種なら，生息場所に利用できる。また，6 月のプール掃除の時期にヤゴではない生活史をもつ種ならば，生育できる可能性が高い。秋に産卵し，卵越冬して初夏に羽化するという種や，幼虫越冬しても，6 月までに羽化する種も，生育は可能である。前者の代表はアカネ属，後者ではシオカラトンボやアオモンイトトンボ，ギンヤンマが挙げられてきた。アオモンイトトンボとギンヤンマの場合，風などによって吹き飛ばされてきて浮かんでいる発泡スチロール片や枯れ枝，プールの縁の水抜き孔に溜まったゴミや泥が，産卵期質である。秋も遅くなってから成長を始め，冬の低温で死んでしまったウスバキトンボのヤゴの死体は，翌春に出現する各種水生動物の餌となり，それらの水生動物は，ヤゴの餌となっている。

京都市内の小学校プールを調べた例では，11 種のトンボの幼虫が生息していたという。三重県津市の小中学校のプールでは，のべ 13 種の蜻蛉目幼虫が記録されたが，個々のプールでは，それぞれ多くて数種，通常は 2～3 種しか生息していなかった。内訳は，アオモンイトトンボ，オオアオイトトンボ，ギンヤンマ，ハラビロトンボ，シオカラトンボ，ショウジョウトンボ，マユタテアカネ，コノシメトンボ，ノシメトンボ，ナツアカネ，アキアカネ，オオキトンボ，ウスバキトンボである。このうちの大部分の種は 6 月のプール掃除までに記録された。比較的多くのプールで採集できたのはシオカラトンボとショウジョウトンボ，ノシメトンボの 3 種である。なお，オオアオイトトンボは，丘陵に作

られた小学校で，プールの水面の上に張り出した樹木の枝に産卵したようであり，学校プールに生息する種としては例外と考えるべきである（図5-13）。

　三重県津市の学校プールに生息するヤゴの個体数は，プールの端だけで，多いと100頭を超え，平均すると，冬季を除き50頭前後であった。この値は，プールの長辺あたり25頭を意味しており，プール1mに1頭のヤゴが生息していたことになる。ヤゴの密度は思いのほか高いといえよう。したがって，注意深くプール掃除をすれば，ヤゴはたくさん捕獲されることになる。その多くはアカネ属であり，ほとんどが終齢幼虫の終期となっているので，餌を与えずとも羽化が可能である。そのため，生徒にとって取り扱いやすく，教室内に持ち帰っても「短期間の教材」として都合がよいと考えられ，自然学習に利用している学校も多い。

　学校プールで確認された種のほとんどは開放的な環境を好む種であった。オオアオイトトンボやマユタテアカネなど性的に未熟な時期の生活場所として樹林を必要とする種は少なく，得られたヤゴの個体数も少なく，プールへ飛来し産卵した雌の数の少なかったことが予想される。一方，シオカラトンボやウスバキトンボは，成虫の移動分散能力が強く，開放的な環境を好むため，学校プールへ進出することができたといえる。なお，夏のはじめに羽化し，羽化場所から移出してしまうアキアカネは，水たまりや湿地で打泥産卵するため，学校プールではほとんど認められない。

図5-13　水田の上に張り出したミズナラの枝で産卵中のオオアオイトトンボの連結態。

5.8 特殊な生息地：河口域の汽水

　昆虫類が最も嫌う場所は海である。高濃度の塩分は昆虫類の脱皮・変態時に悪影響を与えるといわれ、大洋で生活する昆虫類は、これまでに、数種のウミアメンボしか知られていない。沿岸の海水面にも沿岸性ウミアメンボしか生息しないが、海岸には、ミズギワゴミムシの仲間が見られる。沿岸域の海水は大洋の真ん中（普通35‰）よりもやや塩分が低く、河口域では、さらに低下して20‰以下となり、これを汽水とよぶ。また、海岸近くの池や沼では、海水の飛沫が飛んできたり、潮の干満によって塩分が変動したり、地下水に海水が混じったりして、淡水で保たれていることはない。このような場所に成立する植物群落の多くは草本から成り立ち、それぞれの植物は塩分という厳しい環境に対抗する手段をもっている。

　幼虫時代に水を必須とするトンボの場合、塩水は最悪の環境である。日本で汽水域を幼虫時代の主たる生息地とする種は、これまでに、ヒヌマイトトンボとミヤジマトンボ、アメイロトンボの3種しか知られていない。このうち、ミヤジマトンボは広島県宮島と香港にしか分布せず、アメイロトンボは南西諸島が分布域なので、汽水域で生活し、本州一帯に分布し、比較的手軽に観察できる種はヒヌマイトトンボのみである。この種には潜在的な捕食者が多く知られ、それらの捕食者が生活できないような塩分環境で生活することで、生き残ってきたと考えられている。この種の生活史の特徴は、羽化後も羽化場所から離れず、幼虫の生息場所と同じ植物群落で一生を過ごすことである。

　ヒヌマイトトンボの生息するヨシ群落の内部をどんなにさらっても、ヒヌマイトトンボ以外のヤゴは存在しない。この群落内で他種が排除されている大きな原因は塩分であり、10〜15‰の濃度が測定されるのが普通である。アオモンイトトンボとアジアイトトンボ、モートンイトトンボの3種と比べると、汽水下において、卵の孵化率は、アジアイトトンボとモートンイトトンボで悪く、これら2種の幼虫の生存率も低い（図5-14）。しかし、アオモンイトトンボは、ヒヌマイトトンボと同様の塩耐性をもっており、ヨシ群落内に侵入できない理由は塩分ではなく、光環境（高密度のヨシの稈を含む）である。

　ヒヌマイトトンボの成虫の未成熟期は4〜5日で、成熟期は約30日と見積もられ、もし成虫が天寿を全うするなら、約1か月の生理学的寿命をもつといえる。発生のピークは7月前半である（図5-15）。

　未成熟期の成虫も成熟期の成虫も、静止場所は水面（あるいは地表）から約

5. 立地環境を棲み分けるトンボ

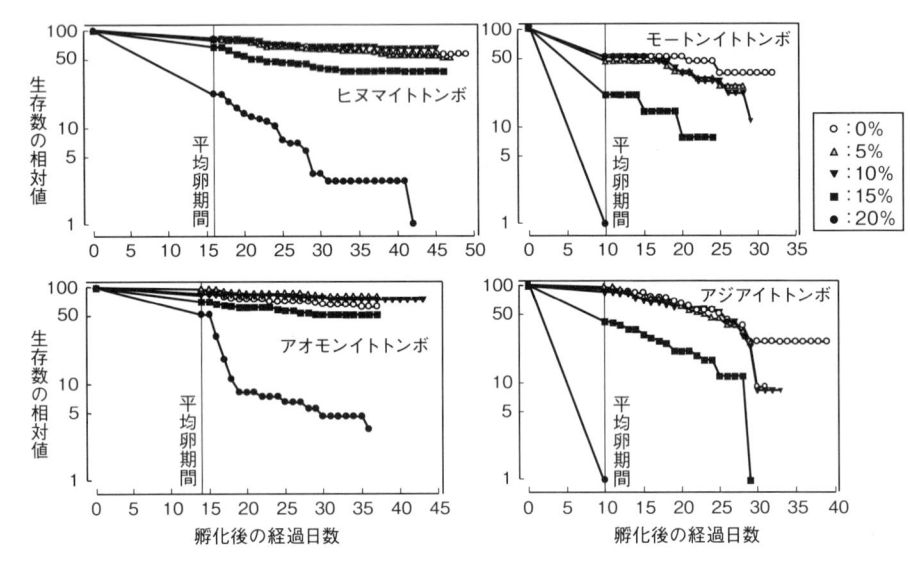

図 5-14 異なる塩分において飼育した 4 種類のイトトンボの生存曲線。飼育実験は，産卵時から 4 齢まで行っている（[4] より改変）。

図 5-15 標識を施したヒヌマイトトンボの雄。

20cm の高さで，活動がピークとなる日中，静止場所の移動は 20 回／時間に満たず，1 回の移動距離は 20〜30cm で，移動飛翔時間は 1 秒も続かない。採餌飛翔や雌雄間の干渉等による飛翔も認められたものの，合計で，1 時間当たり多

くても50回程度しか飛翔せず,この種は「常に静止している種(パーチャー)」であり,結果的に「定着性の強い種」である。

　静止場所であり活動場所でもある群落下部20cmの高さは,ヨシの稈が密生し(稈と稈の間は約5cm),直線的に長距離を飛翔するようなトンボでは活動しにくい空間である。相対照度は10%に届かない。雄の背胸部にある4つのエメラルドグリーンの点は,蛍光色的で,薄暗い光環境で目立つ一方,雌は隠蔽的な体色といえる。

5.9　生息地選択をしないトンボ

　都市部の植生景観は,チョウやトンボの生活史の適応や進化とはまったく無関係に成立している。庭園や街路樹,住宅地の庭に植えられた植物は,必ずしも在来種に限られないばかりか,植物群落としての空間構造も無視されている。一方,都市部を流れる河川のほとんどは,コンクリートブロックによる「三面張り」で護岸され,「洪水の起こらない川」となってきた。その結果,氾濫原は消滅し,岸には植物が茂らず,トンボの幼虫の生息にとっては不適当な環境といえる。水質も悪い。近年になって,洪水を防ぎながら水生生物の生息できるような「多自然型川作り」が試みられるようになったとはいえ,トンボにとっての生活環境を満足させるまでには至っていない。どの種をどれだけ生息させるかという目的があやふやであることと,それぞれの種の生息場所の定量化がなされていないからである。

　都市公園には,しばしばコンクリートによる「すっきりと」整備された池や噴水が設置されている。これらはトンボの幼虫にとって好適な水深の浅い水域であるものの,幼虫の隠れ場や餌場となる抽水植物や沈水植物は排除されている。むしろ,手入れが行き届かず,底に泥の溜まっている池のほうが,ユスリカやイトミミズなどが発生しやすく,幼虫時代の好適な生息場所となっている可能性が高い。

　都市部を縦横に走る道路と無秩序に高さを競うコンクリートの構造物は,トンボの成虫の通常の移動飛翔を行う際の障害物となっているばかりか,彼らの活動空間に対して,彼らの進化の過程でこれまでに経験したことのないような光環境や熱環境,気流の変化を生じさせている。

　都市公園の池がトンボの幼虫の生活にとっては不適当とはいえ,都市の上空をトンボの成虫が飛翔するのを見ることは稀ではない。これらのトンボの多くは,高々度を滑空飛翔することができるからである。その結果,このような飛

翔習性をもつウスバキトンボが都市公園の池を繁殖場所に利用していたという報告例は多い。西日本では，長距離移動するタイリクアカネの羽化も都市公園で見られている。比較的樹木の多い公園には，コシアキトンボもやってくる。また，アキアカネのような長距離移動する種の成虫が季節によっては見られるかもしれない。このように考えると，都市部で見られるトンボとは，その場に定着せず，一過性の種である可能性が高く，都市部のその場で個体群が常に維持されているとはいいがたいのである。

5.10 おわりに

　トンボが注目を集めるようになったのは，近年，自然環境の保全の重要性が認識され，各種の開発に際しても地域の自然を残存させる試みが盛んになったからである。環境教育や社会教育の立場からトンボを指標とした親水環境が強調された結果，住宅地の中の親水公園を「トンボを呼び戻す池」にする運動や，これらの動きに対応した「自然観察会」などの市民運動も行われるようになってきた。しかし，造った池にトンボが飛来したとしても「自然が戻った」と単純に判断することはできない。トンボの中には高い内的自然増加率をもち繁殖力が旺盛で移動力の大きいr-戦略者が存在し，かく乱された環境へ進出する能力をもつ種がある。実際，市街地の中の人工の池に飛来した蜻蛉目の種構成を検討すると，ほとんどがr-戦略者だったという例は多い。

　近年，住宅団地などの中に小規模な池を作って蜻蛉目昆虫を呼び寄せることが環境保護活動のひとつとなった感がある。市民運動としてのこのような活動も多い。しかし，成虫が飛来すれば事足りるとし，ヤゴや未成熟期の成虫の生活場所（雑木林）に注意が払われないなど，どのような種を生息させるかという展望をもたずに行われている。比較的自然が保たれていると考えられる里山景観の学校プールでも，市街地の学校プールと比較して，生息していたヤゴの種がそれほど大きく異なっていなかったことは，学校プールに生息する種はかく乱された環境へ進出する能力のある種にすぎないことを意味している。それらの種は市街化した地域の小池や住宅団地内に作った人工池，都市公園の人工池に飛来した種とほとんど変わらない。このことは，市街地において小規模な池を作ったときに出現するトンボの種を，付近の学校プールに生息するヤゴから予測できることを意味している。言い換えれば，わざわざ小さな池を作らなくともトンボを呼び寄せる目的だけならば，市街地でのフィールドとしてプールを位置づけることですんでしまう。したがって，個々の種の生息環境を充分

に理解しないと，トンボを用いた生物多様性を議論することはできないのである。逆にいえば，トンボを指標として樹林 - 池沼複合生態系や里山の景観を評価することができるのである。「子ども達の遊び相手」から「我々の良き隣人」へと，トンボの認識を改めるべきときなのかもしれない。

引用・参考文献

[1] Susa, K. & M. Watanabe : *Odonatologica*, **36**, pp. 159-170, 2007.
[2] 井上清・谷幸三：『トンボのすべて』，トンボ出版，1999.
[3] 岩崎洋樹・須田大祐・渡辺守：応動昆，**53**, pp. 165-171, 2009.
[4] 岩田周子・渡辺守：昆蟲，**7**, pp. 133-141, 2004.
[5] 江崎保男・田中哲夫（編）：『水辺環境の保全：生物群集の視点から』，朝倉書店，1998.
[6] 小松清弘：昆虫と自然，**34**(10), pp. 9-12, 1999.
[7] 田口正男・渡辺守：三重大学教育学部研究紀要，**35**（自然科学），pp. 69-76, 1984.
[8] 渡辺守：『昆虫の保全生態学』，東京大学出版会，2007.

6 土壌が支える生物多様性

6.1 はじめに
6.1.1 太陽からはじまって

　大きな目で捉えると，生物多様性を支えている生態系の中では，系外から流入するエネルギー（主として太陽エネルギー）が植物などの一次生産者によって一時的に固定され，これが微生物や植食性昆虫などの一次消費者に利用され，さらにこれらが捕食性生物など高次消費者によって順次利用され，最終的に熱などとなって系外へ流出するというエネルギーの流れが起こっている。このように捉えると，生態系を支える多様な生物の中でも，植物に代表される一次生産者がいかに重要であるかが理解できるだろう。一次生産者が貧弱で太陽エネルギーを効果的に固定できなければ，その後のエネルギーの流れも小さく，生物多様性も低くなるだろうし，逆に豊富な植物によって太陽エネルギーが効果的に固定される生態系では，その後のエネルギーの流れも大きく，高い生物多様性が維持されるだろう。

　植物の重要性は，単に太陽エネルギーの固定効率にとどまらない。植物は，自らの生命維持に必須な代謝物（一次代謝物）以外に，その役割がまだ完全には解明されていない多くの代謝物（二次代謝物）を生合成し体内に持っている。植物が生産する二次代謝物の機能や役割についてはいまだに議論が多いが，青酸配糖体類，カラシ油配糖体類，アルカロイド類，サポニン類，フラボノイド類，といった多くの二次代謝物が微生物・昆虫・動物による害を回避するために生合成されている可能性が指摘されている[1,3,11,16,24]。また，植物によっては，特定の昆虫に対して生育障害を起こさせる酵素を持つ例や[11]，昆虫による食害を受けた後にその昆虫を補食する天敵を呼ぶシグナル物質を放出する例

も報告されている[1,11]。加えて，特定の植物に依存した特定の昆虫の存在も多くの例が報告されている（表6-1）。すなわち，植物の存在は，どの程度の存在量かといった量的な要因だけでなく，どんな植物が存在するのかといった質的な要因も，そこに成立する生物多様性に大きな影響を与えている。

表 6-1　代表的な植食者 - 寄主植物の関係。

目	科	種名	植物名
チョウ目	アゲハチョウ科	アオスジアゲハ	クスノキ科　クスノキ・タブノキ[28]
		アゲハチョウ	ミカン類[28]
		キアゲハ	セリ科[28]
		ジャコウアゲハ	ウマノスズクサ[28]
		ギフチョウ	カンアオイ[28]
	シジミチョウ科	ベニシジミ	タデ科　ギシギシ・スイバ[28]
		ミドリシジミ	カバノキ科　ハンノキ・ヤマハンノキ[28]
		ヤマトシジミ	カタバミ[28]
	タテハチョウ科	アカタテハ	イラクサ科　カラムシ， ニレ科　ケヤキ[28]
		オオムラサキ	エノキ[28]
		キタテハ	カナムグラ[28]
		ツマグロヒョウモン	スミレ類[28]
	シロチョウ科	モンシロチョウ	アブラナ科[28]
	マダラチョウ科	アサギマダラ	ガガイモ科　キジョラン，カモメヅル類[28]
	スズメガ科	オオスカシバ	クチナシ[28]
		ホシホウジャク	ヘクソカズラ[28]
コウチュウ目	テントウムシ科	トホシテントウ	ウリ科　カラスウリ，アマチャヅル[28]
		ニジュウヤホシテントウ	ナス科　ジャガイモ， ウリ科　ミヤマニガウリ[28]
	カミキリ科	クワカミキリ	クワ科のクワ類，イチジク[26]
		キボシカミキリ	クワ科のクワ類，アコウ，ガジュマル[26]
		マツノマダラカミキリ	マツ科のマツ類[26]
	ハムシ科	イタドリハムシ	イタドリ[28]
		ウリハムシ	ウリ科の植物[26]
		キクスイカミキリ	キク科の植物[26]
	ゾウムシ科	オジロアシナガゾウムシ	クズ[23]
		コフキゾウムシ	クズ[23]
		シロコブゾウムシ	マメ科の植物[23]
		ダイコンサルゾウムシ	アブラナ科の植物[23]
		カツオゾウムシ	イタドリなどのタデ科[23]
		アカアシクチブトサルゾウムシ	タデ科の植物[23]
ハチ目	ハバチ科	ゼンマイハバチ	ゼンマイ[18]
		ハグロハバチ	タデ科　エゾノギシギシ， アレチギシギシ[18]
カメムシ目	カメムシ科	アカスジカメムシ	セリ科[26]
		ナガメ	アブラナ科の植物[26]

6.1.2 植物の分布と土壌

それでは，植物はどんな要因によってその分布を決めるのだろうか。日射量，気温，降水量といった気象的要因が大きいのはいうまでもない。このことは，気候帯と植生帯が非常によく一致していること[4]からも明らかである。これに，種子や塊茎といった繁殖器官の分布要因，植生の遷移にかかわる時間的な要因，地形や発達した植生の地上部による光の遮蔽といった局地的な要因などが加わり，その場所の植物相が決まってくると考えられる。さらに近年では，土壌要因も植物の分布に大きな影響を与えていることが認識されるようになってきた。土壌要因は，とくに人為的なかく乱によって容易に改変されやすいため，身近な自然を観察する際には重要な要因になっている場合がある。

もともと土壌は，植物の生育を制御する多くの因子を含んでいる。具体的には，酸性あるいはアルカリ性の程度・強度を示す土壌 pH，塩類の集積程度を示す電気伝導度（EC: Electrical Conductivity），土壌水分，土壌硬度，植物栄養元素含量などが挙げられる。土壌中の植物栄養元素とは，植物必須多量元素である窒素，リン，カリ，カルシウム，マグネシウム，イオウ，および植物必須微量元素である塩素，ホウ素，鉄，マンガン，亜鉛，銅，ニッケル，モリブデンを一般的に指し，いずれの植物もこれらすべての元素を土壌から過不足なく吸収する必要がある。植物必須元素の必要量は植物種によってさまざまであるが，すべての植物は，上記のどの元素が足りなくてもあるいは多すぎても

表 6-2 正常な植物生育に必要な植物無機必須元素含量（地上部）の平均的な値[6]。

元素記号	元素名	植物が必要とする量			
		$\mu mol\ g^{-1}$ dry wt	$mg\ kg^{-1}$ (ppm)	%	相対原子数比
	植物必須多量元素				
N	窒素	1000	-	1.5	1,000,000
K	カリウム	250	-	1.0	250,000
Ca	カルシウム	125	-	0.5	125,000
Mg	マグネシウム	80	-	0.2	80,000
P	リン	60	-	0.2	60,000
S	イオウ	30	-	0.1	30,000
	植物必須微量元素				
Cl	塩素	3.0	100	-	3,000
B	ホウ素	2.0	20	-	2,000
Fe	鉄	2.0	100	-	2,000
Mn	マンガン	1.0	50	-	1,000
Zn	亜鉛	0.30	20	-	300
Cu	銅	0.10	6	-	100
Ni	ニッケル	～0.001	～0.1	-	1
Mo	モリブデン	0.001	0.1	-	1

植物が土壌から吸収しなければならない無機元素は 14 種類に及び，その必要量は元素の種類によって大きく異なる。

正常に生育することができない（表6-2）。このように，土壌は非常に多くの植物生育因子を含んでおり，植物の分布を考える場合にも非常に重要な要因であることが容易に理解できるだろう。

本章では，人間活動が土壌特性の改変を介して，植物相，植食性生物相，捕食性生物相，そしてこれらの相互作用に与える影響について述べる。

6.2 植物の生育を支える土壌環境

6.2.1 土壌 pH

多くの場合，植物の生育を支えているのは土壌である。この土壌の性質が広範囲にわたって均質であるような大陸内陸部などでは土壌が植物の分布に与える影響は認め難いが，日本には狭い範囲に多様な土壌が分布しているため，かつ人為的かく乱の影響が土壌に及んでいる場合が頻繁にあるため，身近な自然を観察するときには土壌が植物相に与える影響を考慮に入れてほしい。

土壌特性の中でも，とくに土壌 pH は植物生育に大きな影響を及ぼす。土壌 pH がおよそ5よりも低くなると，土壌からアルミニウム（Al）がイオンとして溶出し，多くの植物はこの Al イオンによる生育障害を受ける。Al イオンの植物生育阻害活性は非常に高く，敏感な植物に対しては数マイクロ mol/L（μM）程度の低濃度でも根の成長を有意に抑制する[13]。Al は地殻を構成する元素のうち，酸素（O），ケイ素（Si）に次いで3番目に濃度の高い元素であり，そのため土壌の主成分でもある。つまり，Al は常に植物の近傍に存在しており完全に除去できるようなものではない。しかし，Al イオンによる植物生育阻害は常に発生しているわけではなく，土壌 pH がおよそ5より低い場合に Al はイオンとして溶け出しその毒性を発現することになる[14]。もちろん，酸そのもの（水素イオン：H^+）も植物生育阻害活性を持つが，これによる生育阻害活性が顕著になるのは土壌 pH がおよそ4以下となるような極強酸性土壌であるとされている。

日本の自然には土壌 pH が5以下となるような酸性土壌が広く分布している。つまり，土壌の酸性化は，排気ガスに由来する窒素酸化物や硫黄酸化物など人工の酸性物質によっても起こるが，広く自然にも起こるプロセスである。たとえば，白神山地のようにその自然が世界遺産に登録されるような場所でも，土壌 pH は5以下，場所によっては4以下となっている[15]。しかし，このような場所に植物がいないかというとそうではない。むしろ，貴重で後世に受け継ぐ

6.2 植物の生育を支える土壌環境

べき遺産としての価値がある大切な植物相が存在している。このような土壌に生育している植物は，なんらかのメカニズムでAlイオンによる毒性を解毒あるいは回避していると考えられる。たとえば，アジサイは植物体内に吸収したAlをクエン酸と複合体（錯体）を形成させることによって解毒している。このようなタイプを体内解毒機構とよぶ。同様に，ソバは1分子のAlを3分子のシュウ酸と反応させ複合体を形成させることにより解毒している。また，ある種のコムギは，根からリンゴ酸を放出することによって，根近傍のAlイオンと複合体あるいはイオンペア（イオンの会合体）を形成させると同時に根近傍から排除し，Alイオンが植物根から吸収されないようなメカニズムを持っているとされている（排除機構）。これらの植物は，その長い進化の過程で酸性土壌に適応しながら，Al毒性に対して適応したものであろう[2]。

多くの植物は，土壌pHが高すぎても正常に生育できない。これは，高いpH条件ではFe，Cu，Znといった金属元素の溶解度が低下するために，植物が土壌から十分量を吸収できなくなることがおもな原因である。これらの金属元素の中でもとくにFeは，植物の必要量も多く（表6-2），また土壌pHの上昇に伴って最も溶解度が低下しやすい元素でもあることから，土壌pHが7以上となるような地域の農業では鉄欠乏が頻繁に問題となる。しかし，このような土壌でも鉄欠乏を起こしにくい植物も存在している。たとえば，ある種のダイズは，根から水素イオン（H^+）を放出することにより根圏の土壌pHを低下させ，同時に電子（e^-）を土壌に放出することによりFe^{3+}をFe^{2+}に還元するという2つの効果によって，土壌溶液中のFeイオン濃度を上昇させ，土壌中のFeを吸収している。このようなタイプの鉄吸収メカニズムはStrategy I（戦略タイプI）と呼ばれている。また，ある種のイネ科植物は，根からムギネ酸類（分子量320前後のアミノ酸誘導体）を放出し，土壌中の難溶性の鉄をFe^{3+}-ムギネ酸類錯体として可溶化し植物体内に吸収している。このようなタイプの鉄吸収メカニズムはStrategy II（戦略タイプII）とよばれている。これらの植物は，やはり土壌pHが高い環境に適応しながら進化してきたものと考えられる[2]。以上のような植物の土壌環境適性は，とくに栽培植物についてはよく研究されているが，身近な植物についてはまだ不明の点が多く，今後の研究の進展が待たれるところである。このように，土壌pHはその場所にどんな種類の植物が生育・分布するかという問題に対して非常に大きな影響を及ぼしている。

6.2.2 土壌の性質を決める要因

　前述の低 pH 土壌あるいは高 pH 土壌といった環境は，必ずしも多くの生物を涵養できないかもしれないが，その環境でこそ優位に生育戦略を進めることができる生物が存在しており，彼らは他の環境では生存できない可能性がある。このように特定の環境に適応している生物や生態系を保全するためには，その環境を保全する必要があるだろう。つまり，生物多様性を支えている環境を理解し，その生態系の成り立ちを考える意味は大きいのである。

　なぜ，土壌の性質は場所によって異なるのだろうか。土壌は，その長い生成の歴史の中で，その場所に起こったさまざまな要因を反映している。これらの要因は，土壌生成因子として次の 6 点に整理されている。(1) 母材（土壌をつくるもとの物質），(2) 時間，(3) 気候，(4) 地形，(5) 生物，(6) 人為。

　日本の土壌をつくる母材は大変多様である。プレートテクトニクス理論によると，日本列島の北東側は北アメリカプレート上に，南西側はユーラシアプレート上に乗っており，日本列島南岸沖ではフィリピン海プレートがもぐり込み，列島東岸沖では太平洋プレートがさらにその下部に潜り込むとされている。このように，日本列島およびその周辺は多数のプレートが活発にひしめく特殊な環境にある。その結果，プレート上に乗っていたさまざまな地質の物体がプレート移動に伴って次々と日本列島に付加体としてすり込まれたり，火山活動が活発となり地下のマグマが急速に地上に噴出したり，そのマグマや地熱によって変成岩が生成したりといった現象が起こり，その結果日本列島には非常に多様な土壌母材が提供されている。また，地質年代を通じて中国大陸からは黄砂が飛来してきており，これが非常に重要な土壌母材となっている地域も広い。

　土壌の性質は，土壌母材が風化し始めてからの年数（いわゆる土壌の年齢）にも大きく左右される。日本列島上では，土壌の年齢もさまざまである。たとえば，岩石がその場で数万〜数十万年かけて風化して現在の土壌となったものもあれば，火山灰の降下後間もない土壌のように非常に若いものもある。このように，多様な土壌の年齢は，多様な性質の土壌を生じる。また，海に囲まれ南北 3000km におよぶ細長い日本列島の地理的環境，幅の狭い陸地に高い山々が並ぶ急峻な地形の環境，大気圏でぶつかり合う寒冷な気団と湿潤な気団による気候の環境などにより，気候的要因，地形的要因，生物的要因もさまざまであることは容易に理解できるだろう。したがって，このような自然環境下にあ

6.2 植物の生育を支える土壌環境

る日本列島には，人為的な影響がなかったとしても，非常に多様な土壌が分布する。

6.2.3 日本の自然土壌の特性

日本の自然土壌のpHはどのような範囲にあるだろうか。実は大変幅広く，酸性硫酸塩土壌のようにpH3程度の土壌から石灰岩を母材とするpH8程度の土壌までさまざまである。特殊な例では，火山火口周辺でしばしば見られるpH2以下の土壌まである。酸性硫酸塩土壌とは，パイライト（黄鉄鉱：FeS_2）という鉱物が土壌の下層に含まれていた際に，これが地表に露出され酸素と反応した結果硫酸が生成し，それによって強酸性となった土壌を指す。酸性硫酸塩土壌は，日本各地に点在している。また，石灰岩とは炭酸カルシウム（$CaCO_3$）を主成分とする岩石を指し，やはり日本全国に点々と産する（石灰岩からできる鍾乳洞の分布を参照されたい）。しかし，押し並べていうと，日本では大部分の自然土壌の表層はpH4～7の酸性～弱酸性領域にあるといってよいだろう。これは，日本の気候環境では降水量が蒸発量を上回るため土壌内における水の動きが下方へ向かっており，そのため土壌中の塩基類が溶脱し代わりに雨水中に含まれる酸が濃縮されるためである。ちなみに，大陸内陸部のように降水量と蒸発量が同程度か蒸発量が上回る地域ではこのような現象は起こらず，逆に土壌中の塩基類は降水中の重炭酸イオン（HCO_3^-）とともに土壌表層で沈殿するため，土壌は中性～アルカリ性となる。

それでは，日本ではどこにどのような土壌が分布しているのだろうか。実は，現在この疑問に対して適切に答えるのは簡単ではない。これは，日本の土壌をどのような基準でどのように分類するか，まだ統一的な合意が得られていないためである。国際的な土壌分類体系も存在するが，土壌分類の目的やニーズは国や地域ごとに異なるため，それぞれ独自の分類体系を整備しているのが普通である。日本の場合，農耕地では農耕地土壌分類体系が，森林では林野土壌分類体系が伝統的に用いられており，しかも両土壌分類体系の間には考え方に大きな隔たりがある。統一分類案も提案されているが，まだその歴史は浅く，また問題点も指摘されており，その存在感は薄いといわざるをえない。火山灰土壌を例に挙げてみよう。火山灰を母材としてできた土壌を火山灰土壌と表現することは想像できるが，では何％の火山灰がどの深さまで含まれていたら火山灰土壌と命名したらよいだろうか。もちろん，火山灰が均等に混入していることもあれば，集中的にある深さの範囲だけに混入していることもある。また，

138　　　　　　　　　　　　　　　　　6. 土壌が支える生物多様性

図 6-1　日本の統一的土壌分類体系第二次案[20] による日本土壌図[12]。ぼく土群は，この土壌図では褐色森林土に含まれている（現状ではこれ

6.2 植物の生育を支える土壌環境

凡例 Legend
図示単位は日本の統一的土壌分類体系－第二次案(2002)-の大群とし，分布面積（割合）は日本ペドロジー学会第4次分類・命名委員会(2001)による。

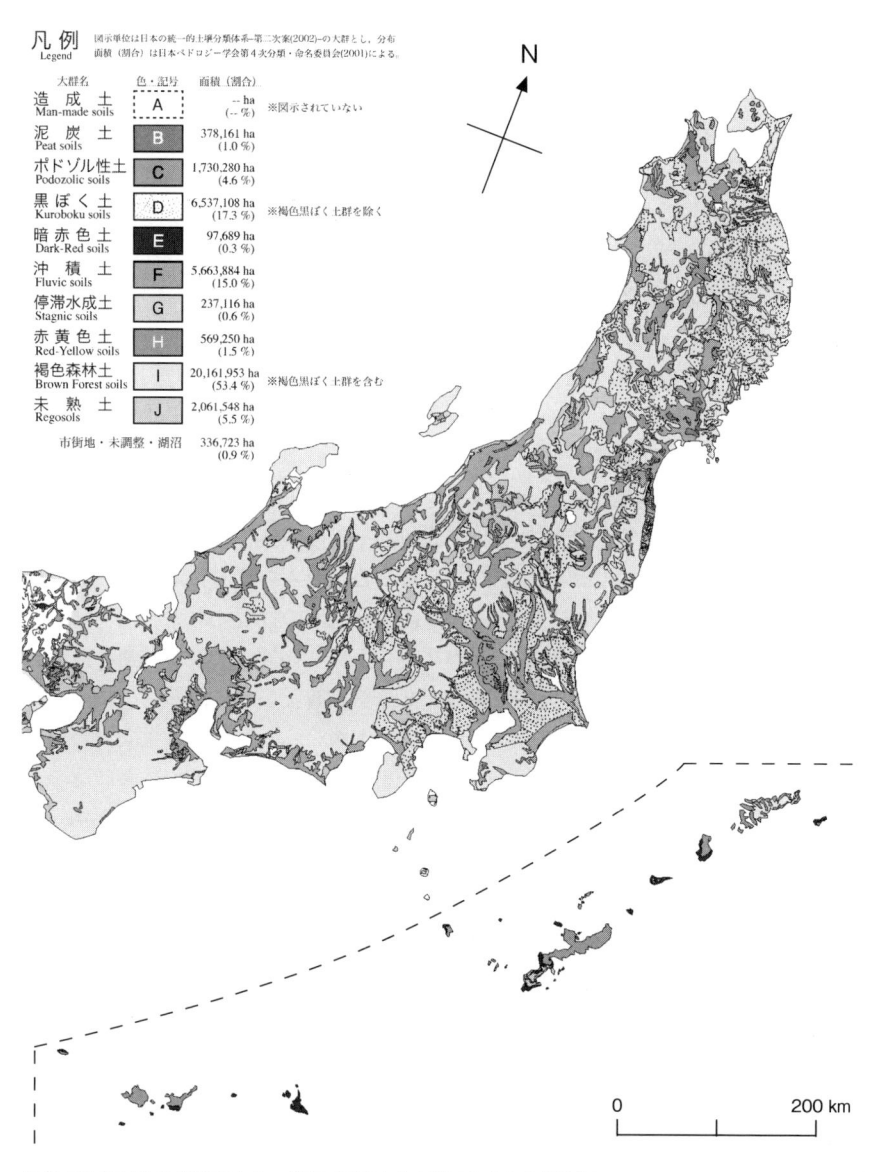

大群名	色・記号	面積（割合）	
造 成 土 Man-made soils	A	-- ha (-- %)	※図示されていない
泥 炭 土 Peat soils	B	378,161 ha (1.0 %)	
ポドゾル性土 Podozolic soils	C	1,730,280 ha (4.6 %)	
黒ぼく土 Kuroboku soils	D	6,537,108 ha (17.3 %)	※褐色黒ぼく土群を除く
暗赤色土 Dark-Red soils	E	97,689 ha (0.3 %)	
沖 積 土 Fluvic soils	F	5,663,884 ha (15.0 %)	
停滞水成土 Stagnic soils	G	237,116 ha (0.6 %)	
赤黄色土 Red-Yellow soils	H	569,250 ha (1.5 %)	
褐色森林土 Brown Forest soils	I	20,161,953 ha (53.4 %)	※褐色黒ぼく土群を含む
未 熟 土 Regosols	J	2,061,548 ha (5.5 %)	
市街地・未調整・湖沼		336,723 ha (0.9 %)	

分布面積（割合）は [19] による。注意：黒ぼく土大群に含まれる褐色黒 らを適正に表示するために必要な情報がまだ十分に得られていない）。

火山灰が混入した年代や起源であるマグマの性質などによって風化の程度やその性質は異なるため，火山灰が土壌に混入した影響の種類や程度もさまざまである。加えて，火山灰の混入，その岩質，あるいはその風化程度などは，それほど簡単に調べられるものではない。つまり，日本の統一的な土壌分類体系を確立し土壌の種類を地図に重ねて示すことは簡単ではないことが理解できるだろう。

　このような状況ではあるが，土壌生成メカニズムによって土壌を分類するという基本方針に沿って提案された統一分類案による日本土壌図を図6-1[12]に紹介しておく。この分類案は国際的な分類案との対応もよく検討されており，学術的な利用に向いている[21]。注意しておきたいのは，この土壌分類体系に限らずほとんどの分類体系は，表層土壌ではなくその下に存在している下層土壌の性質に注目して分類しているという点である。これは，表層土壌は最近の植生や人為的かく乱の影響を受けやすいため土壌生成過程を必ずしも反映していないということ，土壌生成メカニズムやプロセスは下層土壌に記録されていることが多いということ，土壌分類は人間活動や風雨の影響などによって簡単に変わるべきものではないと認識されていること，などの理由による。一方，植物生育に非常に大きな影響を与えるのは，表層土壌の性質である。これはもちろん，植物種子が芽生えるのも，その発芽した植物が伸ばす根が最初に接触するのも，多くの場合，表層土壌だからである。表層土壌とは，植物の根が入り込み，土壌有機物が蓄積している暗色の表層土層を示し，通常は土壌表面から深さ5～20cm程度までであるが，火山灰土壌の場合には50cm以深に及ぶこともある。つまり，土壌分類は必ずしも表層土壌の性質を反映しておらず，同様に，必ずしも植物の生育を指標するものでもない。

6.3　人間活動により改変される土壌特性と植物相
6.3.1　人間活動が土壌特性に与える影響

　土壌生成因子の中でも，人為はとくに激しい影響を与える。たとえば，土壌は深さによって異なる特性を持っているため，農業生産のために耕すだけで表層土壌の特性は変化する。とくに表層から風化が進み始めた火山灰降灰後間もない土壌では，土壌表層をかく乱するだけで，あるいは土壌表層を持ち出すだけで，そこに生育する植物の生育環境は大きく変化する。また，ビニールハウスをつくれば，その内側では蒸発量が散水量と同じかそれを上回る状況となる

ため，土壌 pH は上昇するとともに塩類化が進み，さしずめ大陸内陸部に似た環境に変化する。また，農地の生産性を高めるため，高低差のあるいくつかの小規模な田畑を平坦で大規模な 1 枚の農地に再整備する基盤整備事業などが頻繁に行われた結果，農地やその周辺の土壌環境は大きく変化した。農業活動だけにとどまらず，工場や住宅地整備のための土地造成，直線的な自動車道路や鉄道を整備するための大規模な山野の切り開き，それに伴う土壌の移動あるいは切り通し斜面の造成など，近年はかつてないほど大規模かつ大きな力で土壌改変が進んでいる。それに伴って，植物相も大きく変化している。

土壌の化学特性が人間活動によって大きく改変されている例として，都市公園等の緑地土壌の例を挙げておきたい。武田らは，東京都西部にて 7 つの都市公園土壌を調査したところ，表層 0～5cm の土壌 pH は，自然土壌と思われる場所で平均 5.8，ガラス，コンクリート，プラスチック等の人工物の混入が 15wt%以上認められる明らかな人工土壌で平均 6.6 であったとしている[17]。本来この地域の土壌は完新世（現在から約 1 万年前まで）の火山活動の影響下で生成された火山灰土壌であり，そのため土壌 pH は 6 以下となると考えられる。しかし，都市公園の土壌には建築廃材であるコンクリートなどが混合されている場合が非常に多く，そのためコンクリートに含まれているカルシウムイオンやアルカリ性成分などによって土壌は中性，場合によってはアルカリ性となる場合がある。武田らも表層土壌の pH が 8 を超えるケースを報告している[17]が，このような土壌環境では従来からの生物多様性を保持することは難しいであろう。

もちろん，人間活動による土壌改変がすべて生物多様性の保全上悪影響をもたらすわけではない。たとえば，谷津田や里山においてかつてから継続的に営まれてきた人間活動は，かつてからの生物多様性を保全するために重要である（3 章参照）。逆に，大規模造成や農業用資材の大量投入といった近年になって新たに導入された技術による人間活動はこれまでにない生物多様性をもたらす，と捉えてもよいのかもしれない。

6.3.2 土壌特性の改変が植物相に与える影響

人間活動によって土壌環境が変化し，これに伴って植生も変化したと考えられるケースを紹介したい。図 6-2 は，北関東で見られる草原植生と土壌の化学特性の関係を示したものである。通常，雨の多い日本の気象環境では，なんらかのかく乱がなければ森林植生が成立するが，この研究が対象としているのは，

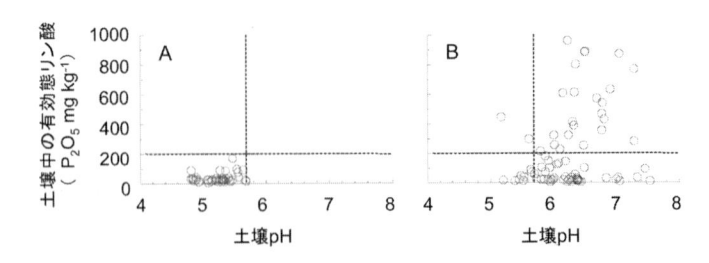

図 6-2 北関東にみられる草原植生とその土壌の化学特性の関係。A：外来植物の侵入をほとんど受けておらず生物多様性の保全上重要な植生（特徴的な植物種：ワレモコウ，アキカラマツ，ノガリヤス，アキノキリンソウ）。B：外来植物の侵入を受け生物多様性の保全上望ましくない植生（特徴的な植物種：セイタカアワダチソウ，メヒシバ，セイヨウタンポポ，クズ）。植生の群落タイプは TWINSPAN および INSPAN により解析。土壌中の有効態リン酸は Bray II 法により測定。

休耕地，耕作放棄地，畦畔，裾刈り草地（自然光を農地内に導くため農地周辺の植生を定期的に刈り取ることによって成立した草地）といった，人間活動によって出現した草原植生である。北関東の土壌は，完新世に起こった火山活動により降った火山灰の影響を多かれ少なかれ受けており，火山灰土壌に分類される地域が広く分布している。この地域における自然土壌の表層は，土壌 pH 値が 4.5〜5.5 程度かつ有効態リン酸（Bray II P）が 200 mg P_2O_5 kg^{-1} 以下であるが，この調査においてはこのような自然土壌の化学特性が維持されている場所では，生物多様性の保全上重要な植生も維持されており，外来植物の侵入はほとんど起こっていなかった。逆に，このような土壌環境が維持されていない場所では，外来植物の侵入を受け，生物多様性の保全上望ましくない植生が出現していた[25]。

　土壌の有効態リン酸値が上昇する要因としては，主として肥料の施用および畜産廃棄物等による汚染などが挙げられる。土壌 pH 値が上昇する要因としては，主として土壌酸性を矯正するための石灰の施用および土木工事等による表層土壌のはぎ取りあるいは表層土壌と下層土壌の混和などが考えられる。このように高い土壌 pH 値および高い有効態リン酸値といった土壌環境は，農業活動による資材投入および大規模な土壌かく乱が活発になった第二次世界大戦後に顕著に出現しはじめ，現在では広く一般的になった。北関東では，このように土壌が改変された場所に限って外来植物の侵入が顕在化しており，逆に土壌環境が保全されている場所では外来植物の侵入が阻止されている。これは，これらの外来植物は大陸内陸部で進化したものが多く，したがって富栄養で高土

6.3 人間活動により改変される土壌特性と植物相

壌pH環境を好適な生育地としているが，逆に貧栄養で低土壌pH環境には適応していないためであろう。一方の在来植物は，貧栄養で低pH環境に適応していると考えられる。江戸時代から明治時代に入り鎖国が解かれ，これに伴って外来植物の国内への流入が激しくなったとされるが，明治時代に日本国内に持ち込まれたセイタカアワダチソウなどは侵入当初の蔓延は顕著でなく第二次世界大戦後に顕在化した。このような現象に，土壌の化学特性の変化が関与している可能性がある。このように考えると，北関東の例では外来植物の蔓延を助長したのは土壌環境を改変した人間活動であり，この人間活動を適正なものとし従来からの土壌環境を取り戻せば外来植物の蔓延をある程度防げる可能性がある。外来植物は土壌環境が大きく改変されたことに対して警鐘を鳴らしているかのようだ。

一旦，土壌の化学特性を改変すると，その影響は通常長期間持続する。すなわち，過去における土壌改変の歴史が，土壌の化学特性を通じて，現在の植生に大きな影響を与えている可能性がある。たとえば，図6-2のグループAの立地は，おもに谷津田沿いの裾刈り草地や平野部のアカマツ疎林の林床部であり，土壌の化学特性も自然土壌に近いことや，ワレモコウ，アキカラマツ，タカトウダイ等，重力散布・自動散布の種子散布型を持つ植物種群の割合も高いことから，昔からの土壌が残存している場所がほとんどであることが把握できる。一方，グループBの立地は，おもに基盤整備等の土地改変や施肥等の影響を強く受けた水田放棄地，台地上の畑作放棄地，造成跡地であり，セイタカアワダチソウに代表される風散布型の外来植物の割合が高いことや，土壌の化学特性から自然状態が大きく改変された立地であることがわかる。このように，現在の植生や植物相の種多様性に，かつての土壌改変の歴史が大きく影響を及ぼしていることが明らかになりつつある。

上記に紹介したような，土壌の化学特性が植物相に与える影響に関する研究は，意外なほどまだ進んでいない。もちろん，農業分野における研究は進んでおり，石灰施用により土壌pHを上昇させ作物の酸性障害を克服したこと，リン酸資材を投入することによってリン酸欠乏問題を乗り越えたこと，そしてこれらによって農業生産性を飛躍的に高めたことはよく知られている。今後，農業分野に限らず，人間活動が土壌の化学特性への影響を通じて身近な植物に影響を及ぼしているケースなどが，さらに明らかになっていくと思われる。

6.4 植物相が支える植食性生物相および捕食性節足動物相

　植生上には植食性昆虫や捕食性昆虫を含む多様な小型節足動物が共存しており，植物相の変化はこれらの群集構造に強い影響を及ぼす。ここでは，この植物と節足動物間の密接かつ多様な関係を述べるとともに，人間活動が土壌特性や植物相の変化を介して節足動物相に与える影響や環境指標生物としての節足動物類の有用性についても述べたい。

　植物相の変化はなぜ小型節足動物相に影響を及ぼすのだろうか。その仕組みは2つ考えられる。ひとつは「食う‐食われる」という栄養的関係を介した影響である。植食性昆虫類は植物を餌資源とし，また特定の植物を利用するものも少なくないため（表6-1参照），植物相の変化は植食性昆虫相の組成や多様性に強い影響を及ぼしうる。また直接的に植物を餌資源として利用しない捕食性節足動物についても，餌となる植食性昆虫相の変化を通じて間接的に植物相の変化による影響を受ける。もうひとつの仕組みは，植物が提供する環境の変化を介した影響である。陸上の植物の多くは，それ自体が物理的構造物となって，節足動物類の生息場所を提供したり，局所的な気温や湿度といった微気象に影響を及ぼすことによって節足動物類の生息環境を改変したりと，植食性および捕食性節足動物相の組成や多様性に影響を及ぼす。

　このように，節足動物類の組成や多様性は植物に由来する2つの仕組みによって影響を受けるが，これらの影響の強さは節足動物の分類群や，植食者かあるいは捕食者かといった栄養段階の位置によって異なる。たとえば，植食性昆虫は植物を直接食べるため，捕食性昆虫に比べて植物からの栄養的関係を介した影響を強く受けると考えられる。また，一概に植食性昆虫といっても，さまざまな種類の植物を利用する広食性から，単一の植物のみ利用する単食性まで，その食性の広さはさまざまであるため，植物相の変化による影響は，植食性昆虫のグループ間で異なるであろう。以下，いくつかの代表的なグループに着目して，植物相と節足動物相との対応関係を見てみよう。

6.4.1 チョウ

　チョウは代表的な植食性昆虫のグループであり，幼虫期の餌資源としての植物との関連性は非常に強い。たとえば，アゲハチョウの仲間は柑橘類を，ヒョウモンチョウの仲間はスミレ類を，セセリチョウの仲間はイネ科植物を好むことが知られている。こうした植物との強い関連性から，植物相の変化に伴い，チョウ群集も大きく変化する。日本のチョウ相を例にとると，草原において見

られるのは，オオウラギンヒョウモン，オオルリシジミ，ヒョウモンモドキ，ツマグロキチョウであり，雑木林で見られるのは，イネ科植物を寄主とするジャノメチョウやブナ科植物を寄主とするシジミチョウである．また，寄主となる植物の種数が増えると出現するチョウ類の種数も増える傾向はよく知られている[5]．このことは，幼虫期の食草として，また成虫期の餌資源として，チョウ相は植物に強く依存していることを示唆している．

6.4.2 バッタ

バッタ類は，チョウ類に並んで身近に見られる植食性昆虫のグループであるが，植物相の変化に対する反応は異なり，餌資源よりもむしろ生息環境の変化を強く反映すると考えられる．日本のバッタ類を例に取ると，それらの種組成は草丈の高さや地面の湿度によって大きく変化し，乾いた草丈の高い草地ではツチイナゴが，湿った草丈の高い草地ではコバネイナゴが，乾いた草丈の低い草地ではショウリョウバッタ，トノサマバッタなどが見られる[27]．また，海外の研究では草地におけるバッタの種数は草丈が高くなるほど減少する傾向があることが知られており，植物の種数よりもむしろ草丈といった生息地の物理的構造から強い影響を受けることが示唆されている[5]．このように，同じ植食性昆虫でも，系統的，生態的な違いにより，植物相から受ける影響は異なる．

6.4.3 ゾウムシ

チョウやバッタ類に比べるとはるかに小型で目立たないが，膨大な種数を誇るゾウムシ類など植食性甲虫も植物と密接な関連を持っている．ゾウムシ類は，「象鼻蟲」（ザウビチウ）という古名が端的に示すように，頭部の一部が象の鼻のように伸長した「口吻」と呼ばれる大変ユニークな形態的特徴を持つ昆虫綱コウチュウ目の一群である．このグループは，中生代ジュラ紀にこの口吻を獲得し，同じく植食性のハムシやカミキリとの共通祖先から分化したと考えられている．その後，白亜紀以降に起こった被子植物の適応放散に伴い，産卵習性と密接に関連した頭部形態を自在に変えながら，多様な植物のさまざまな組織を細かく使い分けることで爆発的な放散を遂げ，今日では実に6万種（ある推定では20万種）を擁する動物界最大の分類群のひとつとなっている[7,8]．

たとえば，ゾウムシ科に属しオーストラリア区を除く全世界に分布するサルゾウムシ亜科は，陸生から水生までとりわけ幅広い生息環境に適応している．亜科全体の寄主範囲は，樹木から水草，双子葉類から単子葉類に至るまで多岐

にわたっており，その食害部位も，根，茎，葉，芽，蕾，花，果実，種子，さらには他の植食性昆虫によって形成された虫こぶと実に多様である．しかし，個々の種レベルで見ると，本亜科に属する種はすべて狭食性あるいは単食性で，属あるいは亜属ごとに特定の植物群の特定の部位を利用する傾向があり，一生の大部分を寄主植物体上で過ごす．また，産卵習性や幼虫の摂食・蛹化様式も，各種の生息環境や寄主植物に応じてさまざまである．

6.4.4 捕食性節足動物

クモ類およびオサムシ類は身近に見られる代表的な捕食性節足動物である．これらの生物は直接的に植物を餌資源としないため，生息地の物理的構造の変化や餌となる植食性昆虫の変化を介して，植物から影響を受けると考えられる．また，これらの生物は下位の餌生物からの影響だけでなく，より上位の捕食者にとっては餌資源でもあることから，海外ではさまざまな環境を反映する指標生物として注目されている[10]．国内における研究例はまだ少ないが，放棄された草地に比べて従来からの高い多様性の在来植生が維持されている草地では，クモ類の種数が多くまたその種多様度指数も高い傾向が報告されている[22]．また，クモ類はその捕食行動により，徘徊性型，造網性型など異なる機能群に分けられるが，この機能群の組成も植生によって異なり，在来植生群落では造網性クモ類の割合が増える傾向が報告されている[22]．造網性クモ類は，網を張るための足場として植物の物理的構造に強く依存していることから，在来植生が提供する複雑な物理的生息環境が造網性クモ類の増加に寄与し，全体的なクモ類の種多様性を高めている可能性がある．

6.4.5 節足動物類は環境の有効な指標

このように植物相と節足動物相は強く結びついており，人間活動の影響は土壌や植物相への影響を介して節足動物相にまで及ぶと考えられる．たとえば，半自然草地における刈り取りは，植生の遷移を一時的に止めるとともに在来植物の多様性を保ち，結果として草地に特異的な節足動物類の多様性も保たれると考えられる．すなわち，人間活動による積極的な維持・管理が，草地の植物および昆虫類の多様性の保全に不可欠だと考えられる．逆に，人間活動が生物多様性の保全上悪影響を及ぼす例は圧倒的に多いだろう．たとえば，人間活動によって外来植物の侵入・定着が促進され，その結果在来植物が衰退し，それに伴って在来節足動物類の多様性が低下する恐れがある．このような人間活動

が節足動物相へ及ぼす影響は，まだ検証例は多くないが，生物多様性保全の観点から，今後明らかにすべき課題である。

　節足動物類は，植物の多様性や組成を強く反映しているため，自然環境の変化をモニタリングする際に環境指標生物として有用である。とくにチョウ類・バッタ類はサイズも大きく一般の人にも馴染み深い生物であるため，これらをモニタリングすることで環境を評価する手法が検討されている。一方で，これらの生物は節足動物全体から見ればほんの一部に過ぎず，したがって大まかな環境の変化を知ることはできても，より細かい環境の変化を反映しているとはいいがたい。すでに述べたように，節足動物の中には特定の環境に適応しているものも多いことから，他の分類群に目を向けることで，異なる環境の変化を知ることができる可能性がある。たとえば，移動性の低い小さな植食性甲虫などは，草地における微環境の多様性や安定性を指標する生物の候補として有望であろう。また，植食性ゾウムシ相は森林生態系の植生タイプをよく反映していることが報告されている[9]。また，海外では捕食者も環境指標生物として注目されており，これらは植物相や植食性昆虫相，さらに上位の捕食者群集など，包括的な生物群集の違いを反映している可能性がある。これらあまり馴染みのない節足動物類の環境指標性については国内ではほとんど調べられていないが，保全生物学的観点から今後はその重要性は増すものと思われる。

6.5　おわりに

　ここでは，人間活動 - 土壌特性 - 植物相 - 植食性生物相 - 捕食性生物相のつながりの一端を解説した。これまで多くの研究は，ここに挙げた個々の生物種を対象とする場合が多かったが，生物多様性保全の観点からはその個々の生物種を支えるつながりに注目する必要がある。このつながりの中で流れているのは太陽光に由来するエネルギーであり，これが駆動力となって窒素やリンといった表6-2に挙げた無機元素および水や熱などが流入・流出・循環している。系によってはこれらの無機元素や因子は適度に豊富であるが，そうでない系もあるだろう。むしろ，いずれかの因子が欠乏あるいは過剰であり，このことがその系の特性を規定している場合も多いのではないだろうか。それぞれの系にそれぞれ適した生物多様性が発達してきたとすれば，生物多様性の保全のためにはそれぞれの系の特徴を理解しそれを保全することが大切であるといえるだろう。

引用・参考文献

[1] Agrawal, A.A., Tuzun, S., Bent, E. : "Induced Plant Defenses Against Pathogens and Herbivores: Biochemistry, Ecology, and Agriculture", The American Phytopathological Society Press, MN., 1999.
[2] Hiradate, S., Ma, J.F., Matsumoto, H. : *Advances in Agronomy*, **96**, pp. 65-132, 2007.
[3] Karban, R., Baldwin, I.T. : "Induced Responses to Herbivory", The University of Chicago Press, 1997.
[4] Köppen, W.: *Petermanns geographische Mitteilungen*, **64**, pp. 193-203, 243-248, 1918.
[5] Marini, L. et al. : *Insect Conservation and Diversity*, **2**, pp. 213-220, 2009.
[6] Marschner, H. : "Mineral Nutrition of Higher Plants (2nd Ed.)", Academic Press, 1986.
[7] Marvaldi, A.E. et al.: *Systematic Biology*, **51**, pp. 761-785, 2002.
[8] Morimoto, K., Kojima, H.: *Esakia*, **43**, pp. 133-169, 2003.
[9] Ohsawa, M.: *Ecological Research*, **20**, pp. 632-645, 2005.
[10] Pearce, J.L., Venier, L.A.: *Ecological Indicators*, **6**, pp. 780-793, 2006.
[11] Schaller, A.: "Induced Plant Resistant to Herbivory", Springer, 2008.
[12] 菅野均志ほか：ペドロジスト，**52**, pp. 129-133, 2008.
[13] 三枝正彦：酸性土壌におけるアルミニウムの化学，『低 pH 土壌と植物』, pp. 7-42, 博友社, 1994.
[14] 庄子貞雄：化学と生物，**22**, pp. 242-250, 1984.
[15] 高橋正・佐藤孝・佐藤敦：ペドロジスト，**45**, pp. 118-129, 2001.
[16] 高橋信孝・丸茂晋吾・大岳望：『生理活性天然物化学（第2版）』, 東京大学出版会, 1981.
[17] 武田美恵・渡邊眞紀子・立花直美：ペドロジスト，**50**, pp. 2-12, 2006.
[18] 中山周平：『野山の昆虫』, 小学館, 1978.
[19] 日本ペドロジー学会第4次土壌分類・命名委員会：ペドロジスト，**45**, pp. 65-68, 2001.
[20] 日本ペドロジー学会第四次土壌分類・命名委員会：『日本の統一的土壌分類体系：第二次案 (2002)』, 博友社, 2003.
[21] 日本ペドロジー学会編：『土壌を愛し，土壌を守る』, 博友社, 2007.
[22] 馬場友希ほか：第54回日本応用動物昆虫学会大会講演要旨集, 2010.
[23] 林匡夫・森本桂・木元新作：『原色日本甲虫図鑑 IV』, 保育社, 1984.
[24] ハルボーン：『化学生態学（高橋英一・深海浩訳）』, 文永堂, 1981.
[25] 平舘俊太郎・森田沙綾香・楠本良延：農業技術，**63**, pp. 469-474, 2008.
[26] 福田晴夫ほか：『昆虫の図鑑：採集と標本の作り方』, 南方新社, 2005.
[27] NPO法人むさしの里山研究会：『田んぼの虫の言い分：トンボ・バッタ・ハチが見た田んぼ環境の変貌』, 農村漁村文化協会, 2005.
[28] 森上信夫・林将之：『昆虫の食草・食樹ハンドブック』, 文一総合出版, 2007.

7 水田の土壌環境と微生物相

7.1 はじめに
7.1.1 水田とはどのような環境か

2008年10月に開催されたラムサール条約（とくに水鳥の生息地として国際的に重要な湿地に関する条約）第10回締約国会議において，水田は，爬虫類，両生類，魚類，甲殻類，昆虫類，軟体動物類等，さまざまな水生生物の命を育み，水鳥の保全に役立つ重要な湿地として認められた。また時を同じくして，水田が単なる食料生産の場だけではなく，身近なビオトープとして注目され，その価値が再認識され始めている。「ふゆみずたんぼ（宮城県）」，「魚のゆりかご水田（滋賀県）」，「コウノトリ育む農業（兵庫県）」など，さまざまなキャッチフレーズのもと，失われてしまった田んぼの生態系サービスを取り戻そうとする「水田再生」の取り組みが各地で進んでいる[54]。

それでは，食料生産という水田の基本的な機能も失われてしまったのだろうか。決してそんなことはない。水田は1,000年以上も同じ場所で毎年稲を栽培することが可能である。このことは，連作障害や土壌の損失によって長期的に農業を営むことが難しい畑作とは対照的である。また，水田の場合，肥料を入れなくてもかなりの穀物収量を得ることができる。水田は，最も持続可能性の高く，生産性の高い農業形態として，世界，とくに人口の集中するアジア地域にとってきわめて重要な役割を果たしている。そして，その高い持続性，生産性の秘密には，実は目には見えない小さな微生物が大きく関係している。

水田は，稲が栽培されるほとんどの期間，水が張られる（湛水）ことが，畑や牧草地などの他の農耕地とは著しく異なる点であり，湛水により土壌は表面水（田面水）に覆われる（図7-1）。すなわち，水田は良く管理された人工の湿

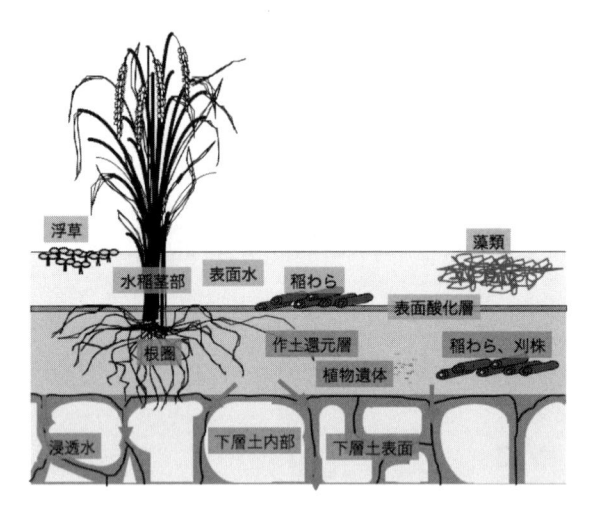

図 7-1 水田生態系（模式図）。

地生態系であり，上に述べた多様な水生生物に生息環境を提供している。実は，これらの水生生物の多様性を支えている食物連鎖の出発点は田面水中の藻類などによる光合成であり，さらにその他のさまざまな微小な動物や微生物が大きな役割を果たすことにより，食物連鎖が維持され，生態系が成り立っている。一方，田面水に覆われた土壌の中は，水の存在により大気と遮断され無酸素の環境となり，主として細菌などの微生物が活動する場となる。ここでも，さまざまな微生物の働きにより有機物の分解などの物質循環が行われ，稲の生育を支え，水田の環境を維持しているのである。さらに，通常は稲刈りから翌年の田植えまでは水田に水はなく，1年のうちで大きく環境が変化することも水田生態系のもうひとつの大きな特徴である。

本章では，このような水田生態系に特徴的な部位である田面水とその下の土壌に焦点を当て，そこでの微生物の多様性，生態やその特徴を述べ，それらの微生物が水田生態系で果たしている役割の重要性の一端を紹介したい。

7.1.2 微生物とはどのような生物か

本題に入る前に，微生物とはどのような生物であるかについて，簡単に紹介しよう。微生物とは，肉眼では見えず，顕微鏡を用いてみることのできる生物である。大きさとしてはほぼ体長 1mm 以下の生物と考えてよいであろう。微生物の仲間には，細菌，糸状菌（かび），酵母，キノコ，藻類，原生動物などが

含まれている。細胞の構造などから，生物は原核生物と真核生物に分けられ，細菌は原核生物，糸状菌，酵母，キノコ，藻類，原生動物は植物や動物と同じく真核生物である。すなわち，微生物には原核生物（細胞内に核を持たない）と真核生物（細胞内に核を持つ）が含まれている。分類学的には，原核生物は細菌と古細菌（アーキア，始原菌）に分けられ，真核生物と合わせて3つの分類群に分けられるのであるが，ここでは詳しくは述べない。この他，ウイルスは上記の生物のような細胞性の生物ではないが，増殖能があり，大きさが1mmの1万分の1程度と非常に小さく，微生物の仲間として扱われる。

　微生物の生活様式は多様である。糸状菌，酵母，キノコ，原生動物などの微生物は有機物を利用して生育し，いわば動物型の生育様式をとる。藻類や一部の原生動物は植物型の光合成を行う微生物である。細菌（や古細菌）では，多くが糸状菌などと同様に有機物を利用して生育するが，植物型の光合成を行うシアノバクテリア（藍藻）や植物とは異なり酸素を発生しないタイプの光合成を行う細菌（光合成細菌）もいる。さらには，無機物だけで生育できるもの，無酸素条件，100°C以上の高温，極端な酸性やアルカリ性条件で生育するものもおり，細菌（と古細菌）の生育様式は非常にバラエティに富んでいる。微生物の世界は種類のみならず，その生活様式もきわめて多様なのである。

7.2　水田表面水（田面水）の微生物相

　「田起こし」によって掘り起こされた田んぼには，春になると水が導入され，「代掻き」によって土と水とが混ざり合う。代掻きに続いて田植えを終えた田んぼでは，水が張られた状態（湛水状態）で稲の生育が進む。田面水の水位は一定ではなく，稲の健全な生育を促すために深くしたり，浅くしたりする。また，栽培の途中，夏の初めにいったん水を落とし，田んぼを乾かすこともある（これを中干しという）。収穫前には収穫作業をしやすくするために，田んぼからすべての水を落とし（落水），通常翌年まで水は導入されない。湛水と落水を繰り返す水田は，他の土壌や自然湿地とはかなり様子が違っているが，このように劇的に変化する田面水にも大型生物に負けない多様な微生物たちが住んでおり，なかには水稲栽培に重要な役割を果たしている微生物もいる。ここでは，水田田面水に生息する微生物の多様性と生態について紹介する。

7.2.1 藻類：もうひとつの光合成生物

　頭の中に水田の風景を思い描いてみよう。田植え直後の整然とした水田。稲が青々とたなびいている水田。稲以外の植物はいないだろうか。イヌビエなどの水田雑草やウキクサなどの水生植物が目に浮かんだ人は，実際に水田を見たり稲作を体験したことがあるに違いない。水田には稲以外のさまざまな植物が育ち光合成を行っている。

　肉眼ではなかなか見ることのできない微生物の中にも光合成を行う生物が存在し，水田にも生息している。田植えを終えた田の表面はやがて緑色あるいは黄緑色を帯びたようになってくるが，これは田面水や土壌の表面で藻類が生えてくるからである。水田で見られる藻類には，光合成細菌である藍藻（シアノバクテリア）と真核生物である緑藻，珪藻，緑虫藻（ユーグレナ［ミドリムシ］）が知られている（図7-2）。

　田植えの時期に施用された肥料成分（窒素，リン）の一部は光合成によって

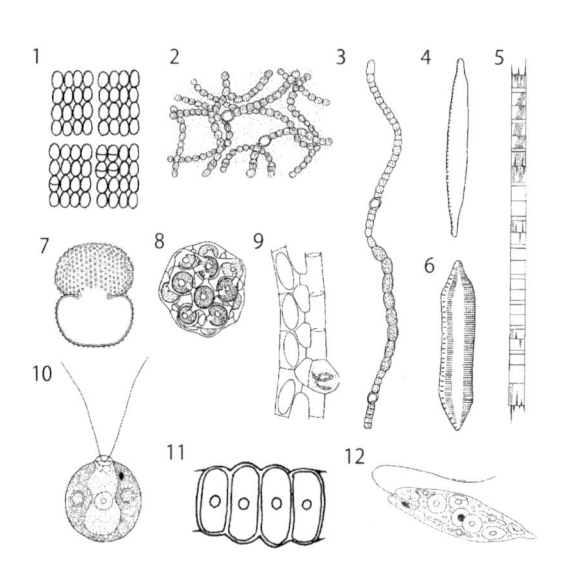

図7-2　水田田面水に棲む藻類の一例。1-3：藍藻類，3-6：珪藻類，7-11：緑藻類，12：緑虫類（ミドリムシ）ミドリムシは原生動物（鞭毛虫）にも属す。1: *Merismopedia elegans*[50], 2: *Nostoc linckia*[52], 3: *Trichormus variabilis*[52], 4: *Nitzschia palea*[50], 5: *Melosira granulata*[44], 6: *Nitzschia hungarica*[50], 7: *Cosmarium margaritatum*[52], 8: *Coelastrum reticulatum*[52], 9: *Spirogyra varians*[52], 10: *Chlamydomonas biccoca*[52], 11: *Scenedesmus microspina*[44], 12: *Euglena gracilis*[41]。

7.2 水田表面水（田面水）の微生物相

いったん藻類のバイオマスに溜め込まれる。藻類が死滅，分解あるいは他の生物に捕食される段階で肥料成分が水田中に放出され，生長した稲に吸収される。また，一部の藍藻には，空中の窒素を固定する能力があり，水稲一作期間中に1ha当たり数〜80kgの窒素が藍藻によって固定されると報告されている[15]。水田は窒素肥料を投入しなくても8割程度の収量が得られるきわめて肥沃性の高い農地であるが，藍藻による窒素固定は土壌に窒素肥料が施肥されないときに高まることが知られており，水田肥沃度の一端を担っていると考えられている。また，藍藻の一種であるアナベナ（*Anabaena azollae*）は，淡水性シダ植物のアカウキクサ（アゾラ，*Azolla*）と葉部共生し，窒素固定を行っている。アカウキクサは緑肥として熱帯の水田で利用されているほか，日本国内でも化学肥料を用いない有機農法やアイガモ農法などで使用されている。

水田の窒素肥沃度の観点から，窒素固定を行う藍藻に関する研究が盛んに進められてきたが，水田で優占する藻類はむしろ緑藻や珪藻である。田面水に太陽光が十分に注がれ，肥料成分も豊富な水稲生育初期には，田面水1mlあたり10万細胞にまで達し，その後稲の生育に伴う遮光と栄養塩濃度の低下によって田面水中の藻類は減少する[48]。

田面水に出現する藻類は，淡水域で普通に見られるプランクトン性および底生性の藻類種であるが，湖沼ではプランクトンとして優占しない羽状目珪藻類が優占する時期がある。とくに，水稲がまだ繁茂していない栽培初期には*Nitzschia*属を初めとする羽状目珪藻が一時的に植物プランクトンの大半を占めることがある。以上は，多くの水田の調査研究に共通した傾向であるが，田面水の水源となる河川やため池の藻類相の違い，田面水の水質の違い，地理的条件や水田の管理によって，田面水中の藻類の現存量や優占種は異なる。また，同一水田内においても場所による藻類相の違いが観察されている。土壌表層にも多数の藻類（培養法で土壌1gあたり10万のレベル）が生息し，田面水の藻類とは対照的に湛水期間中経時的に増加することが報告されている[49]。土壌表層の藻類は，落水によっても大きく減少することがなく，水域にも適応し乾燥にも比較的強い，イカダモ（*Scenedesmus*）の仲間が優占することが特徴のひとつである。藻類の活発な光合成のおかげで，水田土壌には有機物や天然の窒素肥料が供給され，土壌の肥沃度を保っている。また，藻類は田面水の食物連鎖の基点として，微小な動物プランクトンから水生昆虫，両生類，魚類まで，田んぼに住む生き物たちを支えている。さらに，光合成によって生産された酸素は水田表層の土壌に供給され，好気微生物の呼吸に利用される。田面水と土

壌表面における藻類の活動は水田を水田たらしめている要ともいえるだろう。

7.2.2 微小水生動物

　藻類の光合成活動は，田面水の食物連鎖を支えている。増殖した藻類は，原生動物，ワムシ類，微小甲殻類やその他の水生動物の餌となる。また，水生動物同士の間にも食う食われるの関係がある。一方で，ウキクサなどの水生植物や稲株はある種の水生動物の住み場所となっていることもある。

　原生動物は動物性の単細胞生物であり，進化系統学的な分類ではないがその形態学的特徴に基づいて繊毛虫，べん毛虫，アメーバに分類される。藻類の捕食の他，細菌の捕食者として生態系の物質循環に重要な役割を果たしている。田面水では湛水後比較的初期に優占することが多い。また，灌漑水や自然湿地には見られない水田に特徴的な原生動物も生息している。

　微小甲殻類には，ミジンコ類，カイアシ類，カイムシ類，などがあり，田面水中にはミジンコ類のタマミジンコ（*Moina*）やカイアシ類のケンミジンコの成体や幼生（ノープリウス期，コペポディド期）が生息し，水生動物を優占している。二枚貝に包まれたような形をしたカイムシ類はおもに土壌表面に生息

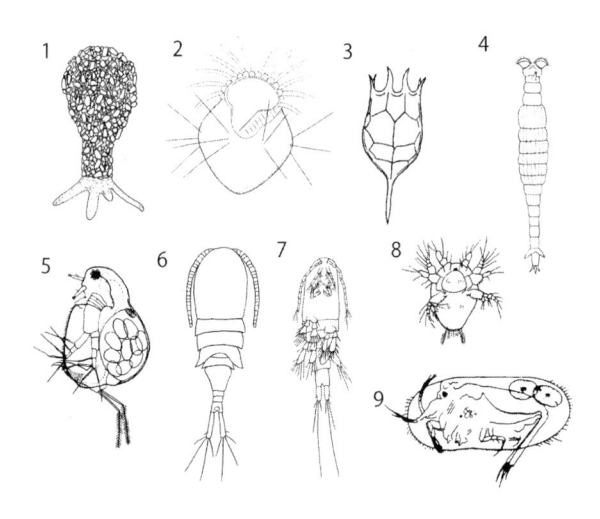

図 7-3　水田田面水に棲む微小水生動物の一例。1-2：原生動物，3-4：ワムシ，5-9：微小甲殻（ミジンコ）類。1: *Difflugia pyriformis PERTY*[50], 2: *Halteria gradinella*[51], 3: *Keratella cochlearis*[51], 4: *Rotaria rotatoria*[51], 5: *Moina macrocopa*[51], 6: *Cyclops* 成体[50], 7: *Cyclops copepodid* 幼生[50], 8: *Cyclops nauplius* 幼生[50], 9: *Herpetocypris intermedia*[33]。

7.2 水田表面水（田面水）の微生物相　　　　　　　　　　　　　　　　　　　155

している。

　その他の微小な水生動物としては，センチュウ，ウズムシ，イタチムシ，水生ミミズなどが挙げられる。ウズムシやイタチムシは水稲生育後半の水稲株周辺に生息する水生生物群集を特徴づけている[27,28]。また，センチュウやミミズは底生でおもに土壌の表面に生息している。これらの微小生物は昆虫や魚類などさらに大型の水生生物を含めた食物連鎖とつながっている。山崎は，田面水に生息する体長 $30\mu m$ から 2cm までの水生生物を目のレベルで分類しながら計数した結果，農薬や化学肥料を使用する慣行型の水田で水生生物群集の種類数や多様性が最も高かったと報告し，水稲が多様な水生生物の生息の場を支えたと考察している[52]。一方で，ミジンコ類やカイアシ類などの微小甲殻類は殺虫剤の使用により減少することが報告されている[18]。収穫後の落水期には稲わらや刈り株などの収穫残渣が水田に放置されるが，それらは多くの水生生物の「隠れ家」となっており，翌年の湛水に伴って再び水中での生活を営むことになる[26]。

7.2.3　細　　菌

　藻類の活発な光合成活動によって，田面水には酸素ばかりでなく溶存有機物が供給される。また，食物連鎖の構成要素をなす藻類をはじめとする各種の生物も一部は遺体となって田面水の有機物の源となる。田面水には，藍藻細菌ばかりでなく，これら豊富な有機物を利用する細菌が多数生息している。その数は，有機寒天培地上で生育する培養可能な細菌で田面水 1ml あたり数十万〜100 万細胞，細菌細胞を蛍光色素で染色した後に顕微鏡観察によって全細菌数を計数するとさらにその 10 倍から 100 倍以上にもなる。この数は他の水環境に比べても非常に多く，田面水の微生物活性の高さをうかがい知ることができる。

　上述のように，培養可能な細菌は環境中に生息する細菌のごく一部であり，大多数は培養の条件が合わない，増殖速度が遅い，休眠状態である，死にかけあるいはすでに生きていない，などの理由から，培養ができないか培養が非常に困難である。したがって，培養される細菌から得られる情報は，環境中の細菌群集のごく一部であることに注意しなくてはならない。近年では分子生物学的手法の発達によって，分離培養することなく細菌群集の多様性を解析することが可能になり，培養法では確認されなかった細菌群集の存在も明らかになっている。一方で，培養が可能となった細菌からは，実験室内での条件とはいえ，

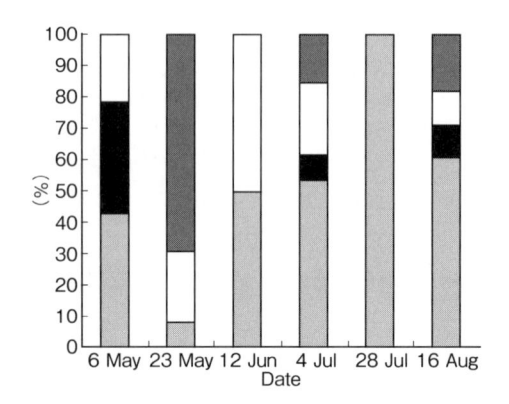

図 7-4 田面水から分離されたグラム陰性細菌の構成[11]。▨：*alpha*-Proteobacteria, ■：*β*-Proteobacteria, □：*γ*-Proteobacteria, ▰：*Cytophaga-Flavobacterium-Bacteroides*（下から上）。

さまざまな生理学・生化学・遺伝学的な特性を明らかにすることができるため，現在でもさまざまな工夫を凝らして環境中の微生物を培養する努力が続けられている。環境中の微生物の生態をよりよく理解するためには，2つのアプローチを両輪としていくのが大切である。

田面水から培養法によって得られた細菌群集は，グラム陰性細菌が優占しており，その中でも *Sphingomonas* 属を中心とする α プロテオバクテリア（*α*-Proteobacteria）が大半を占めていた（図 7-4)[11]。一方，田面水試料から DNA を抽出して解析する分子生物学的手法を使った最近の研究では，田面水中の細菌群集には，*Cytophaga-Flavobacterium-Bacteroides*（CFB）グループ，β プロテオバクテリア（*β*-Proteobacteria），アクチノバクテリア（Actinobacteria）に属するものが多く，湖沼や河川など他の水環境で検出される未培養の細菌と近縁を示すことが報告されている。田面水の細菌群集は，季節的に変化するが，それよりも肥料の有無や種類による影響を大きく受ける[10, 16]。

7.2.4 ウイルス

田面水には細菌よりももっと小さな微生物，ウイルスが生息している。ウイルスは，細胞構造を持たず，核酸（2本鎖あるいは1本鎖の DNA または RNA）がタンパク質の殻（カプシド）に覆われた単純な構造を基本骨格としている。自らの力だけで増殖することはできないが，他の細胞性生物に感染侵入し，そ

7.2 水田表面水（田面水）の微生物相

の宿主の代謝能力を利用して増殖する．ウイルスは，感染と増殖の様式によって，1. 感染後直ちに増殖し宿主細胞を溶かして再び環境中に出てくる溶菌性ウイルス，2. 感染後宿主のゲノムの中に自らのゲノムを組み込み（これを溶原化という）宿主ゲノムの一部として増殖する溶原性ウイルス，3. 感染後宿主細胞内で増殖することなくプラスミドとして生息する偽溶原性ウイルス，などに分類される．インフルエンザやHIV，SARSなど，我々にとっては人間の健康を脅かすことで印象が強いが，環境中には人間を始めとする動物あるいは植物ばかりでなく，細菌に感染するウイルスも広く存在している．

水環境中のウイルス数を数える方法には，細菌の場合と同様に，宿主に感染・死滅させることで形成するプラークを培養法によって数える方法と，一定量の水から遠心やろ過によって集めたウイルス様粒子を酢酸ウランや蛍光色素で染色した後に透過型電子顕微鏡や蛍光顕微鏡を用いて計数する方法とがある．ウイルスの感染は宿主特異性が高いので，通常顕微鏡観察による計数は，培養法によって限られた宿主生物に感染するウイルスを計数するのに比べてはるかに高い値を示す．もっぱら培養法に頼っていた頃は，水環境中のウイルスは，藍藻類に感染するウイルスを除いて，生態学的にほとんど無視できる程度の数しか存在しないと考えられていたが，顕微鏡観察によるウイルスの計数によって，水環境中のウイルス数は従来考えられていたよりもはるかに多いことが1980年代後半に示された．それ以来水環境の生物群集の構成やその機能に果たすウイルスの重要性が広く認識されるようになった．実際ウイルスは地球上で最も数の多い「非細胞性」生命体であると考えられている[25]．

海洋や湖沼に生息するウイルスは，カプシドのサイズが100nm（ナノメートル，1nmは1mmの100万分の1）以下と真核生物に感染するウイルスに比べて小さいものが大半であること，またウイルス数の時空間的変動が細菌数の変化に同調していることなどから，主として細菌に感染するウイルス（細菌[バクテリア]を食べるという意味でバクテリオファージ，あるいは単にファージともよぶ）であると考えられている．田面水中のウイルスを計測したNakayamaらの研究によれば，田面水のウイルス様粒子の数も細菌数と高い相関を示し，多くの場合，ウイルス数は細菌数の数倍から数十倍であった[13]．また，カプシドのサイズが50-70nmの範囲のものが大半を占めたことや，電子顕微鏡による形態の観察によりカプシドが正20面体をしていること，宿主細胞への付着器官であるテール（しっぽ）の構造などから，田面水のウイルスもバクテリオファージが優占していることが示された（図7-5）．

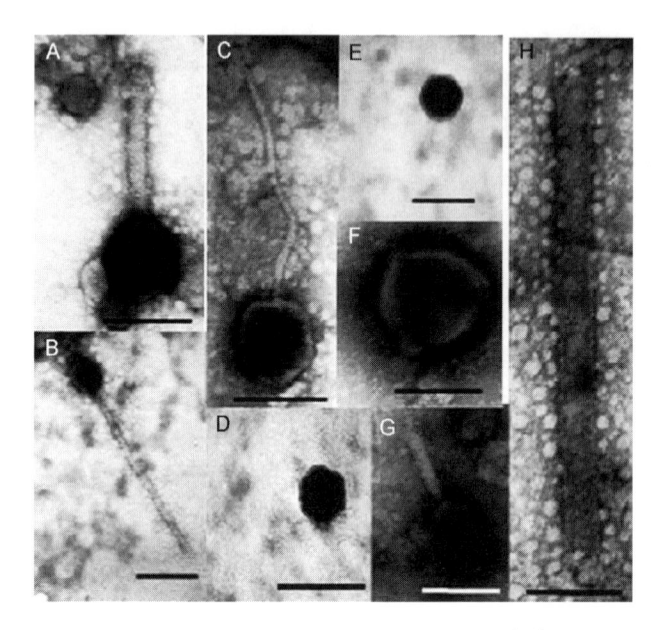

図 7-5　田面水に生息するバクテリオファージ[12]。

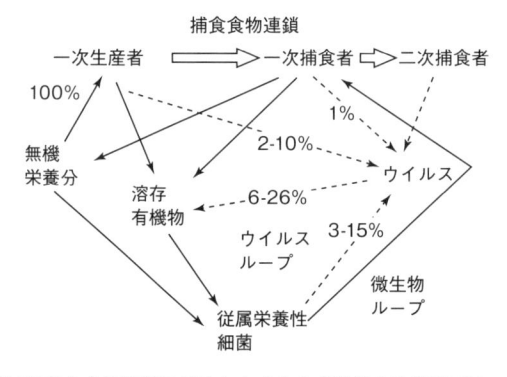

図 7-6　海洋における食物連鎖モデルとウイルスが関与する炭素フロー。点線がウイルスが関与する経路を示す。数字は一次生産（光合成）によって固定される炭素を100としたときの相対値。ウイルスを経由して溶存有機物となる炭素は光合成の6～26％に相当すると見積もられている[25]。

　光合成活性が高く有機物の生産が盛んな細菌数が多い水環境では，ウイルスの溶菌作用は水中での物質循環や細菌群集に重要な影響を与えている。海洋では，光合成で固定された有機態炭素の6～26％に相当する各種の生物バイオマ

スが，ウイルスの細胞溶解作用によって溶存態有機炭素に変換され，再び細菌に利用されると概算されている（図7-6）[25]。バクテリオファージは，溶菌作用によって細菌バイオマスを減少させる効果がある一方，新たに生まれた溶存有機物や栄養塩の供給によって残った細菌群集の生物活性を上昇させるという効果も併せ持っている。田面水は海洋や湖沼と比べて生産性の高い環境であることは先に述べた。水田におけるウイルスの研究は始まったばかりであり，今後，田面水の生物活動におけるウイルスの生態学的な役割が明らかになることが期待される。

7.3　水田土壌の微生物相

本章の前半では，水田の畦に立てばまず目にすることになる田面水（表面水）に生息する微生物や水生生物の多様性と特徴を紹介した。後半では，その表面水の下にある土壌の中に生息する微生物を見ていこう。表面水に劣らず多種多様な微生物が真っ暗な泥の中で黙々と活動し，稲の生育を通してコメの生産を支え，水田の環境を維持している。ここでは，それらの微生物の働きを水田土壌の特徴と関連付けながら述べた上で，生息する微生物の多様性と特徴を紹介しよう。

7.3.1　湛水による土壌の変化と微生物

7.1節で述べたように，水田には水が張られ（湛水），これが畑など他の農地と際立って異なる水田の特徴である。湛水による影響は，単に表面に浅い水の層（田面水）が生じるだけではなく，その下の土壌と微生物の活動に大きな変化をもたらす。

通常，水田はまずトラクターにより耕起された後，水を入れて代掻き（土壌の粒子を細かくし均平にならす作業）が行われる。酸素などガスの水中における拡散速度は大気中と比べて著しく小さいため，作土（耕起される部分の土壌）の表面が田面水に覆われると，大気からの酸素の供給が大きく減少する。湛水，代掻きを行った直後には，酸素は土壌の孔隙等にわずかに残存するが，酸素を利用して生育する好気性微生物の活動により消費される。田面水では大気からの拡散とともに，前節で述べたように生息する藻類や水生植物などの光合成生物によって酸素が生成されることにより供給されるものの，湛水された土壌では酸素の消費が供給を上回るようになり，作土は次第に無酸素の状態となる。

ここで，生物のエネルギーの獲得様式について，簡単に解説しよう。光のエ

ネルギーを利用して生育する光合成生物以外の生物は化合物のエネルギーを利用して生育する（化学合成生物）。化学合成生物は化合物のエネルギー（化学エネルギー）を燃焼ではなく，酸化還元反応によって穏やかに取り出して利用している。この場合，酸化とは物質から電子を引き抜くことであり，還元とは電子を付け加えることである。すなわち，より還元的な化合物（電子を与えやすい物質，電子供与体）から，より酸化的な化合物（電子を受け取りやすい物質，電子受容体）へ電子が受け渡され，それぞれが酸化および還元される酸化還元反応によって，エネルギーを取り出している。電子受容体として酸素が用いられるのが酸素呼吸であり，酸素は水へ還元される。無酸素の状態では，微生物は酸素の代わりに，より電子を受け取りにくい電子受容体を用いた酸化還元反応を利用して生育のエネルギーを獲得する。これは酸素呼吸（好気呼吸）に対して，嫌気呼吸といわれ，嫌気性微生物によって行われる。一方，発酵は有機化合物の代謝過程の上流で酸化反応（基質が酸化される），下流で還元反応（生成物が還元される）が起き，それらの反応が共役することによりエネルギーを獲得するもので，酸素は用いられない。

　酸素が消失した後の作土では，微生物の生育様式は発酵や，酸素の代わりに硝酸塩，二酸化マンガン，酸化鉄，硫酸塩，炭酸塩（二酸化炭素）を用いる嫌気呼吸へ順次変化していく。これらの反応は，強い酸化物質（電子受容体）による有機物（還元的な物質）の酸化から，弱い酸化物質による有機物の酸化へ，エネルギー的に有利な反応から不利な反応へ逐次的に進行する（表 7-1）。それに伴い土壌が還元化し，酸化還元電位が低下する。この過程は水田土壌の逐次還元過程といわれる[42]。

　このような土壌の還元化に伴って，さまざまな土壌中の物質が還元され，そ

表 7-1　湛水土壌の逐次還元過程と微生物[41]。

湛水後の経過日数	物質変化	経過日数反応の起こる土壌の酸化還元電位 (V)	CO_2 生成	微生物の代謝形式	有機物の分解形式
初期	分子状酸素の消失	+0.6 ～ +0.3	活発に進行する	酸素呼吸	好気的・半嫌気的分解過程（第1段階）
↓	硝酸の消失	+0.4 ～ +0.1		硝酸還元，脱窒	
	Mn(II) の生成	+0.4 ～ -0.1		Mn(IV, III) の還元	
	Fe(II) の生成	+0.2 ～ -0.2		Fe(III) の還元	
	S(II) の生成	0 ～ -0.2	緩慢に進行するか，停滞ないし減少する	硫酸還元	嫌気的分解過程（第2段階）
後期	CH_4 の生成	-0.2 ～ -0.3		メタン生成	

の形態が変化する。硝酸イオンはおもに分子状窒素（窒素ガス），マンガンや鉄の酸化物は Mn^{2+} や Fe^{2+}，硫酸イオンは硫化水素，二酸化炭素はメタンへと還元される。硝酸は硝酸還元菌や脱窒菌，マンガンや鉄の酸化物はマンガン還元菌および鉄還元菌，硫酸は硫酸還元菌，二酸化炭素はメタン生成古細菌といった嫌気性微生物によりそれぞれの還元が行われる。なお，マンガンや鉄については，微生物の代謝産物による間接的な還元および化学的還元も起きる[9]。

以上は，有機物を酸化する物質（電子受容体）についての変化であるが，酸化される有機物（炭素化合物）については嫌気的な分解過程を辿る。図 7-7 に示すように，多糖，タンパク質，脂質などの高分子化合物は加水分解を受け，単糖，アミノ酸，グリセロール，脂肪酸等の単量体になり，酸生成作用によりモノカルボン酸（有機酸）やアルコールへと分解され，さらに水素生成酢酸生成反応により水素，二酸化炭素，酢酸等が生じ，最終的にメタンへと変換される。これらの過程には発酵性微生物等の多種多様な嫌気性微生物が関与し，一部では栄養共生的な関係（ある微生物の代謝産物を他の微生物が利用することで単独では進行しない反応を行う共生関係）のもとで代謝が進行し，メタン生成古細菌の作用によりメタンが生じる。なお，図 7-7 の分解過程は還元が最も進んだ場合を示しており，硝酸塩やマンガン・鉄の酸化物など，より酸化的な電子受容体が土壌中に存在する場合にはそれらを用いた嫌気呼吸により有機物は代謝され，二酸化炭素へ変換される。

なお，水田が湛水されるのは，イネが栽培される約 100 日間であり，通常は

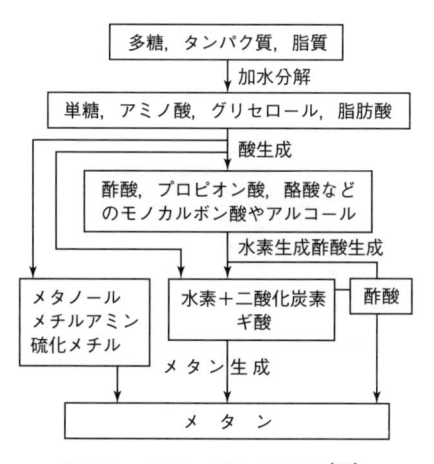

図 7-7　有機物の嫌気分解過程[29]。

代掻きから収穫の数週間前までである。また，多くの水田では田植えの約1か月後頃に，1週間ほど水を落とす（中干し）管理が行われる。落水後から次の代かきまでは，排水性の悪い水田（湿田）以外では，水がない（落水）状態にあり，土壌は畑と同じような酸化的条件におかれる。すなわち，上に説明した湛水に伴う土壌の変化や微生物の活動は1年のうちの約3分の1の期間に限られ，水田土壌は還元的状態と酸化的状態が1年の中でも繰り返されていることになる。

7.3.2 水田土壌の微生物相の特徴

9章に述べられるように土壌中の微生物相はさまざまな手法により調査され，水田土壌の微生物相に関し，古くから数多くの研究が行われてきた。用いられた手法と研究が行われた時代の新旧により，対象とする微生物の範囲や分類群（グループ）のランクとしてさまざまなレベルの結果が得られているが，ここでは無理のない範囲でできるかぎりそれらをつなぎ合わせて，微生物相の特徴を描くことを試みてみたい。

表7-2には，日本各地の落水期の水田土壌と畑土壌における，培養法により計数した各種微生物の菌数を示す[32]。好気性細菌（偏性好気性細菌および通性嫌気性細菌を含む）と嫌気性細菌（偏性嫌気性細菌および通性嫌気性細菌を含む）は畑土壌よりも水田土壌で多い。また，好気性微生物の放線菌，糸状菌，硝化細菌は畑土壌よりも少ないのに対し，嫌気性微生物の硫酸還元菌，脱窒菌は水田土壌のほうが多い。このように，湛水により土壌が還元化される影響は酸化的な落水後の土壌でも明らかであり，酸化的状態が保たれている畑土壌とは微生物相が異なっている。

表7-2 水田土壌（落水期）と畑土壌の微生物数（乾土1gあたり）[31]。

微生物	水田土壌[1]	畑土壌[2]
好気性細菌（偏性および通性）	30.0×10^6	21.9×10^6
放線菌	2.2×10^6	4.8×10^6
糸状菌	8.5×10^4	23.1×10^4
硝化菌	1.1×10^4	7.0×10^4
嫌気性細菌	2.3×10^6	1.5×10^6
硫酸還元菌	7.9×10^4	0.098×10^4
脱窒菌	29.7×10^4	4.7×10^4

[1] 18地点の平均
[2] 26地点の平均

7.3 水田土壌の微生物相

好気的条件下での培養により，水田土壌から分離した200株以上の細菌の酸素感受性を調べたところ，約80%が通性嫌気性細菌であった[35]。一方，嫌気的培養条件で水田土壌より分離した300近い株の細菌の好気的条件下での生育を調査すると，通性嫌気性細菌が偏性嫌気性細菌よりも8〜10倍多いことが明らかになった[44]。上に述べたように，水田では畑よりも好気性細菌，嫌気性細菌ともに菌数が多いが，どちらもその大部分は通性嫌気性細菌であり，還元的状態と酸化的状態の両方に対応できる性質の細菌が多いと言えよう。また，細菌ではグラム陽性細菌とグラム陰性細菌がほぼ半分ずつを占めている。好気的条件で分離した細菌では，*Bacillus* や *Arthrobacter*, *Corynebacterium* などのグラム陽性細菌，*Achromobacter*, *Acinetobacter*, *Flavobacerium*, *Erwinia* などのグラム陰性細菌がおもなメンバーであり，とくにグラム陰性細菌では発酵的性質を示す細菌のみが分離されている（表7-3）。嫌気的条件では，*Escherichia*, *Erwinia*, *Aeromonas* などのグラム陰性細菌，*Streptococcus*, *Bacillus*, *Clostridium* などのグラム陽性細菌がおもに分離され，偏性嫌気性細菌では *Clostridium* が主要なメンバーで（図7-8），湛水直後以外では胞子態の占める割合が50%以上と高い。

抗生物質の生産で有名な放線菌は代表的な土壌微生物であり，好気性のグ

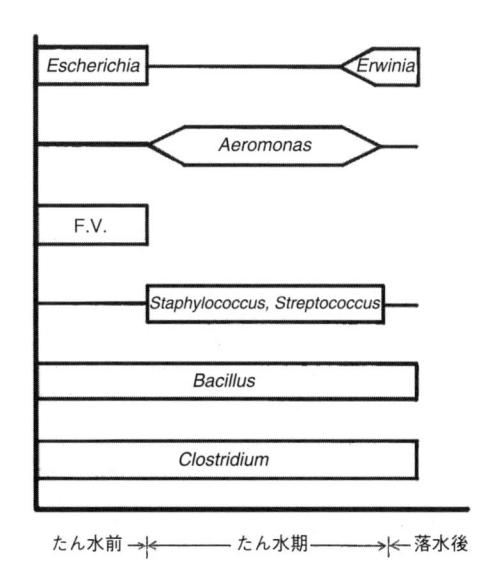

図 7-8 水田土壌中の嫌気性細菌相（通性および偏性）の変化[43]。

表 7-3 水田土壌*から好気的に分離した細菌[34]。

属名	5月11日	6月7日	7月28日	計
グラム陽性細菌				
Bacillus	15	10	2	27
Arthrobacter	7	6	24	37
Arthrobacter Corynebacterium Brevibacterium Microbacteriu Kurthia	9	9	6	24
Brevibacterium Kurthia	8	5	6	19
Actinomycetales	5	3	5	13
計	44	33	43	120
グラム陰性細菌				
Achromobacter Moraxella	1	2	1	4
Alcaligenes Achromobacter	9	1	0	10
Acinetobacter Achromobacter	10	10	15	35
Achromobacter	4	2	1	7
Erwinia Achromobacter	9	3	2	14
Flavobacterium	9	6	14	29
Flavobacterium Erwina	7	7	14	28
計	49	31	47	127

*耕起：5月4日，湛水・代かき：5月16日，田植：5月28日

ラム陽性細菌に属する．全国 15 か所の水田土壌から 1,400 株以上の放線菌を分離して性状を調査し，畑土壌からの分離株と比較したところ，種類構成としては Streptomyces 属が 70％以上を占めるものの，Streptomyces 属でも気菌糸を着生しない株の比率や，水環境や嫌気的条件に適応していると考えられている Micromonospora 属の比率が畑土壌よりも高い点，また，Fusarium oxysporum や Rhizoctonia solani などの糸状菌に対する抗菌力が陽性を示す菌株の比率が畑土壌の分離株に比べて低い点が特徴的である[30]．これらの特徴は水田が湛水されること，糸状菌の生息数が畑土壌よりも低いことを反映している可能性が高い．

水田土壌中に生息している原生動物に関して，17 地点の水田土壌の繊毛虫の種組成を草地や砂地と比較する実験から，種のレベルでは水田に特異的に出

現した種類があったものの，出現した16目は草地や砂地よりも少なく，超大型な *Bursaria* 目を除けば，目のレベルでは種類は草地や砂地と共通である[43]。

以上は培養により微生物を計数あるいは分離することにより得られた結果である。近年では，微生物を培養することなく，脂質（キノンやリン脂質脂肪酸）や核酸などの細胞構成成分を分析することにより，環境中の微生物相の解析が盛んに行われている（9章参照）。

水田土壌の酸化層（7.1項参照）では，グラム陰性細菌の *Enterobacteriaceae* 科や *Lactobacillus* や *Micrococcus* などのグラム陽性細菌が持つキノン種が主要であり，畑土壌では一般的に認められる *Brevibacterium* が持つキノン種が検出されない[3]。酸化的な部位といえども，水田の土壌微生物相が畑とは異なることを示す結果であろう。

水田の作土層の土壌から抽出したリン脂質脂肪酸の分析では，グラム陽性細菌の指標となるリン脂質脂肪酸種の占める割合が大きい[14,17]。さらに，培養法により作土層から分離された細菌菌株のグラム染色性の調査ではグラム陽性細菌の比率が高く[14]，水田土壌中でグラム陽性細菌が主要なメンバーであることを示している。

土壌から得られた核酸，とくにリボソームの小サブユニットのRNA（原核生物は16S rRNA，真核生物は18S rRNA）遺伝子の解析により，微生物相を構成するメンバーの系統遺伝学的位置を推定することができる（9章参照）。水田の作土層の土壌から抽出したDNAより細菌由来の16S rRNA遺伝子断片を増幅し，塩基配列を解析したところ，その分類群は9つの門 (phylum) (Chloroflexi, Actionobacteria, Proteobacteria [α-Proteobacteria および δ-Proteobacteria], Verrucomicrobia, Acidobacteria, Nitrospira, Chlorobi, Cyanobacteria, candidate division OP10）にわたり[8]，水田土壌には系統的に広範な分類群に属する細菌群が生息していることを示している。また，それらの遺伝子配列，とくに湛水期間に得られた配列に近縁な配列の大部分が未培養の細菌由来であり[8]，湛水土壌の細菌相の構成メンバーにはこれまで培養により分離された細菌菌株とは系統的にやや離れた細菌群が含まれていることを示唆している。

近年，湖沼や海洋などの水環境では，生物地球化学的元素循環や遺伝子の伝搬・貯蔵源および細菌群集の生態に及ぼすウイルス（バクテリオファージ）の影響の重要性が明らかになった。大腸菌に感染するT4ファージに近縁な *Myoviridae* 科のファージ（T4型ファージ）について，主要カプシドタンパク

質をコードする遺伝子 g23 の調査が行われ，水田土壌には，海洋に存在するファージや大腸菌群に感染するファージとは異なる，新規で特有なファージが多様に存在していることが明らかにされている[4,6,19-21]。

7.3.3 水田土壌の微生物相の安定性

7.3.1 項に述べたように，水田は 1 年のうちで湛水と落水が繰り返されるため，土壌の酸化還元状態も 1 年の間に大きく変化する。この変化により，土壌中の微生物相はどのような影響を受けるのであろうか。

培養法により水田土壌の好気性細菌（偏性好気性細菌および通性嫌気性細菌を含む）と嫌気性細菌（偏性嫌気性細菌および通性嫌気性細菌を含む）の菌数を約 1 年間にわたって調査したところ（図 7-9），好気性細菌は湛水により減少し，逆に嫌気性細菌は湛水により増加する傾向がある[37]。ただし，それらの菌数の増減は 2〜3 倍の範囲にある。また，夏作に水田条件下で水稲，冬作に畑条件下で小麦が栽培される二毛作の水田で 2 年間にわたり，培養法により偏性嫌気性のメタン生成古細菌の菌数を調査した結果によると（図 7-10），湛水や

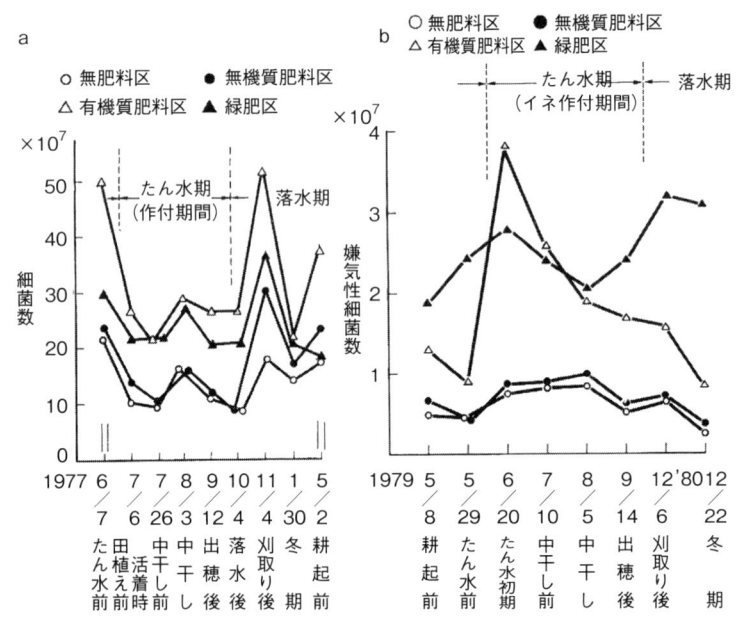

図 7-9 水田土壌中の好気性細菌（通性および偏性；a）と嫌気性細菌（b）の菌数の季節変動[36]。

7.3 水田土壌の微生物相

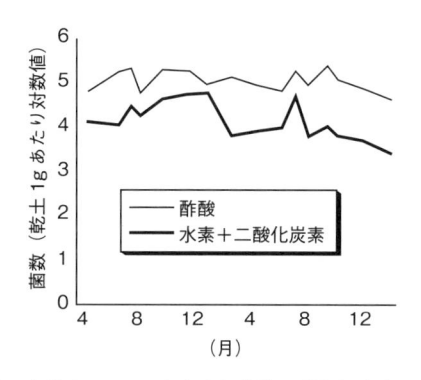

図 7-10 水田土壌中のメタン生成古細菌数の季節変動（[1] より改変）。

落水，さらには小麦作付下の畑状態によっても菌数はほとんど変化しない[1]。

7.3.2 項で述べた，水田作土層土壌の細菌の 16S rRNA 遺伝子の調査では，細菌相の菌群構成は 1 年間にわたり安定していることがわかった[8]。同様の DNA を対象にした解析により，偏性嫌気性のメタン生成古細菌[22] や硫酸還元菌[55]，偏性好気性のメタン酸化細菌・アンモニア酸化細菌[7] についても，それぞれの水田土壌中の微生物相の菌群構成が年間で大きな変化をしないことが明らかにされている。

このように，湛水，落水，代掻き，耕起，中干し，裏作などにより大きく変化する水田土壌の状態とは裏腹に，土壌中の微生物相は，多少の量的な変動はあるものの，その菌群構成は安定している。DNA と比較して細胞の代謝活性をより反映している RNA を対象とした解析により，土壌中に安定して存在するそれらの菌群が，土壌の条件に応じて活性を変化させていると予想されている[8, 23, 24]。水田土壌中で，このようにさまざまな微生物が安定な群集を形成し生存できるメカニズムはわかっていない。

土壌肥沃度維持のため，水田には稲わらや稲わら堆肥などの有機質資材が施用されることが多い。これらの有機物施用が水田の土壌微生物に及ぼす影響は古くから多くの調査が行われてきた。堆肥が連年して施用されている水田では化学肥料のみが施用されている水田と比較して，培養法による微生物の計数値が高くなるとともに微生物のバイオマスが多く[5, 36, 40, 46]，とくに堆肥の施用直後に菌数やバイオマスは増大する[39]。ただし，それらの上昇や増加は，無施用あるいは施用前の 2～3 倍程度である。一方，DNA の解析による土壌微生物相の調査では，細菌相および糸状菌相の菌群の構成には，30 年以上稲わら堆肥

を連用している水田と化学肥料のみが施用されている水田との間で大きな差は見られない[31, 47]。堆肥などの有機物は微生物の生育基質となり，水田土壌中の微生物の菌数や菌体量を増大させるが，菌群構成に与える影響は小さい。

7.3.4 水田土壌中の微生物の生息部位の多様性

ここまで，水田表面の田面水と作土層の土壌に注目し，生息する微生物について紹介した。7.1節で述べたように，水田は，表面水，作土層および作土下の下層土から構成され，浸透水によりそれらの層が互いに結びつけられる。さらに，作土層の土壌は表層数mm～1cmの酸化層と還元層に分けることができる。また，作土層の土壌には水稲の根が発達し，根から離れた土壌とは区別される，根の表面（根面）や根の近傍（根圏）といった部位が生じる。さらに，鋤き込まれたイネの刈り株や残根，稲わらや堆肥，さらに分解が進んだそれらの有機物（植物遺体）が作土層の土壌中には存在する。加えて，表面水中にはミジンコなどの微小水生生物が生息している。これらの部位はそれぞれ，微生物にとって物理的・化学的性質の異なる生息環境である。これらの各部位に生息している微生物相はそれぞれ，また，全体としてみた場合，どのような特徴を持つのであろうか。

表面水，浸透水，作土層土壌（湛水期および落水期），作土に鋤き込まれた稲わら（湛水期および落水期），作土に鋤き込まれた稲わら堆肥（湛水期）および堆肥化過程の稲わらから抽出したリン脂質脂肪酸組成は異なる（図7-11)[38]。すなわち，それぞれの部位に生息する微生物相は異なっており，たとえば，表面水ではグラム陰性細菌と真核生物，作土層土壌では放線菌とグラム陽性細菌，落水期の稲わらにはグラム陰性細菌と糸状菌といったように，部位ごとに特徴的な微生物のグループが優占する。また，各部位の重量とリン脂質脂肪酸量から微生物バイオマスを推定すると，全体の大部分は作土層土壌に生息する微生物が占めている。

DNAの解析により，表面水，浸透水，作土層土壌，作土に鋤き込まれた稲わら，作土表面に施用された稲わら，作土に鋤き込まれた稲わら堆肥，作土中の植物遺体，田面水中のミジンコ，水稲根および堆肥化過程の稲わらに生息する細菌相を比較したところ，それぞれの部位で系統遺伝的に異なる分類群に属する細菌群が生息していることが明らかにされた（図7-12)[2]。また，作土層土壌や作土に鋤き込まれた稲わら堆肥に生息する細菌相の多様性は高くかつ安定しているのに対し，作土表面に施用された稲わらや田面水中のミジンコに生

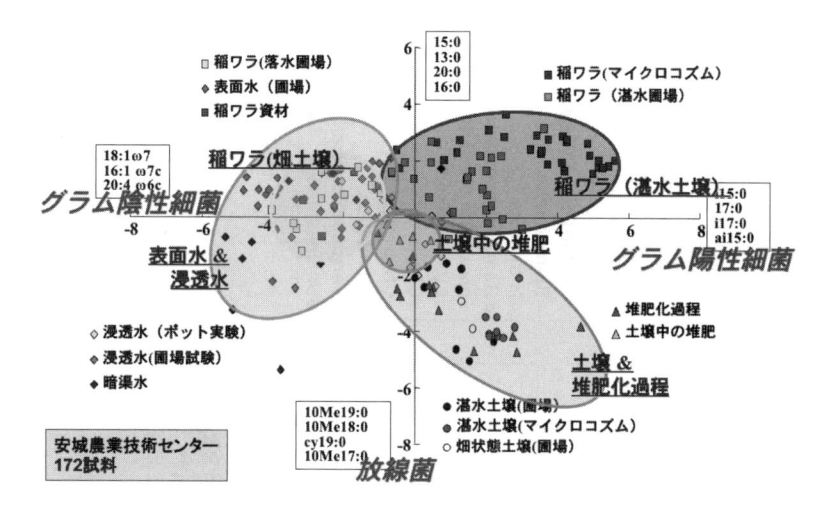

図 7-11 水田土壌各部位に生息する微生物群集のリン脂質脂肪酸分析による多様性（[37] より改変）。

息する細菌相の多様性は低く，変化が激しいなど，それぞれの部位の細菌相の特徴は異なっている。

以上のように，水田には，微生物にとって多様な生息環境が存在するとともに，それぞれの部位に特徴的な微生物群集が生息しており，全体としての微生物相の多様性と安定性に寄与しているのである。

7.4 おわりに

はじめに述べたように，最近では水田は単にコメの生産の場だけでなく，湿地生態系のひとつとして生物多様性の保全の場としても注目を集めるようになっている。水田に限らず，地球上のほとんどの環境で，多種多様な微生物の活動があらゆる生物の生命を支え，その生息環境を維持している。しかし，「生物多様性」が語られるとき，微生物が含まれることはきわめて稀であり，その重要性はごく最近になってやっと認識された[34]。

動物，植物，昆虫などの微生物より大きい生物の場合，種類が明らかになれば多くの場合その生き様が想定され，個体数の情報と併せて生態系における役割がある程度推定できるのではないだろうか。しかし，微生物の場合，単に種類がわかっただけでは，その微生物の生活様式を明らかにすることは多くの場合困難であり，生態系における働きや寄与を推定するのは難しいことが多い。

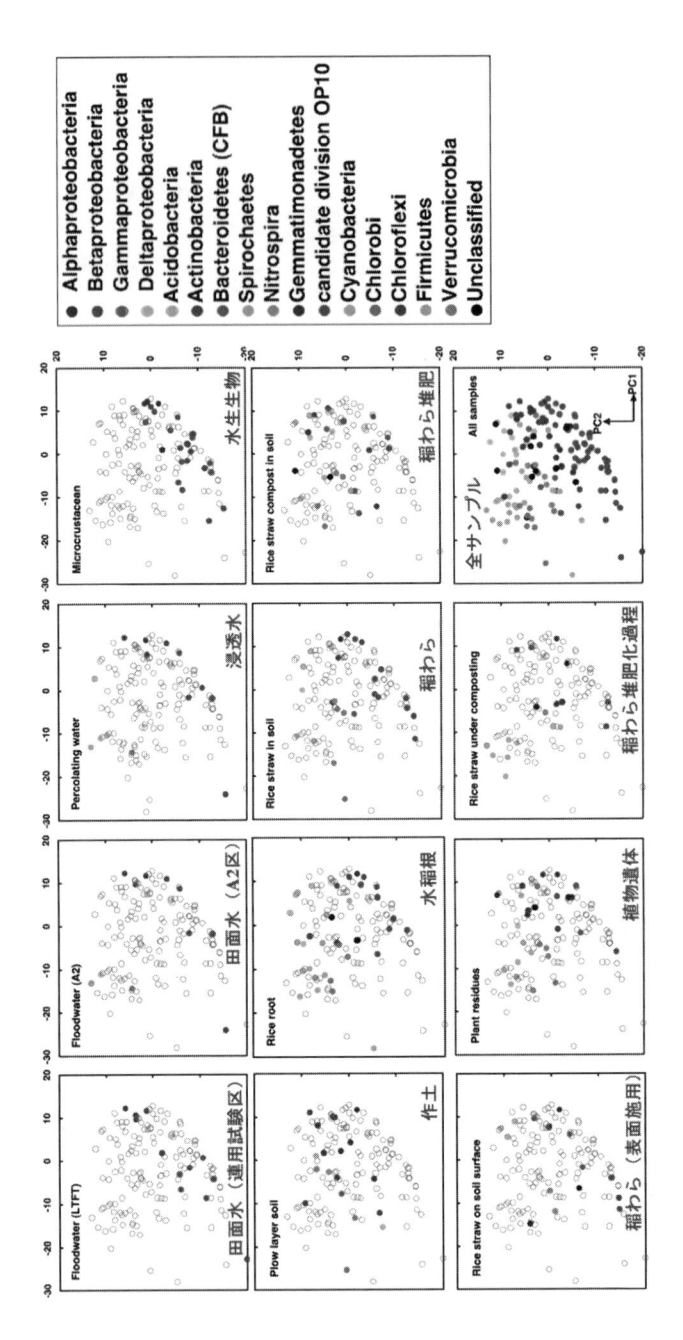

図 7-12 水田土壌各部位に生息する細菌群集の 16S rRNA 遺伝子解析による多様性（[2] より改変）。

さらに、微生物は単独での活動以外に、他の微生物との共同活動、より大型の生物との共生関係など、さまざまな相互作用を及ぼしながら、生態系における種々の機能に寄与している。すなわち、微生物の場合、それらのすべてを含んだ情報を捉えてはじめて真の「生物多様性」を語ることができるのではないだろうか。

　残念ながら、現時点では、これらの情報のすべてを得るような、環境中の微生物の解析技術はない。そのため、本章の内容は水田の微生物多様性の一端を紹介したにすぎない。しかし、たとえば、土壌中のDNAのすべての塩基配列を決定して、その遺伝情報を丸ごと明らかにする試みはすでに始まっており、近い将来、技術の発展とともにさまざまな解析が進み、微生物の「生物多様性」を語る時代が来るであろう。その際には、水田の生物多様性に果たす微生物のきわめて大きな役割が明らかになることを期待したい。

引用・参考文献

[1] Asakawa S.et al. : *Soil Biol. Biochem.*, **30**, pp. 299-303, 1998.
[2] Asakawa S., Kimura M : *Soil Biol. Biochem.*, **40**, pp. 1322-1329, 2008.
[3] Fujie K. et al. : *Soil Sci. Plant Nutr.*, **44**, pp. 393-404, 1998.
[4] Fujii T. et al. : *Soil Biol. Biochem.*, **40**, pp. 1049-1058, 2008.
[5] Hasebe A., Kanazawa S., Takai Y. : *Soil Sci. Plant Nutr.*, **31**, pp. 349-359, 1985.
[6] Jia Z. et al. : *Environ. Microbiol.*, **9**, pp. 1091-1096, 2007.
[7] Jia Z. et al. : *Biol. Fertil. Soils*, **44**, pp. 121-130, 2007.
[8] Kikuchi H. et al. : *Soil Sci. Plant Nutr.*, **53**, pp. 448-458, 2007.
[9] Kimura M. : "Anaerobic microbiology in waterlogged rice fields", Soil Biochemistry vol.10 (J.-M. Bollag & G. Stotzky (ed.)), pp.35-138, Marcel Dekker, 2000.
[10] Kimura M. et al. : *Biol. Fertil. Soils*, **36**, pp. 306-312, 2002.
[11] Nakayama N. et al. : *Soil Sci. Plant Nutr.*, **52**, pp. 305-312, 2006.
[12] Nakayama N. et al. : *Soil Biol. Biochem.*, **39**, pp. 3187-3190, 2007.
[13] Nakayama N. et al.: *Soil Sci. Plant Nutr.*, **53**, pp. 420-429, 2007.
[14] Okabe A. et al. : *Soil Sci. Plant Nutr.*, **46**, pp. 893-904, 2000.
[15] Roger, P.A.: "Biology and Management of the Floodwater Ecosystem in Ricefields", International Rice Research Institute, Manila, 250pp., 1996.
[16] Shibagaki-Shimizu T. et al. : *Biol. Fertil. Soils*, **42**, pp. 362-365, 2006.
[17] Shimizu M et al. : *Soil Sci. Plant Nutr.*, **48**, pp. 595-600, 2002.
[18] Taniguchi M., Toyota K., Kimura M. : *Soil Sci. Plant Nutr.*, **43**, pp. 651-664, 1997.

[19] Wang G. et al. : *Soil Biol. Biochem.*, **41**, pp. 13-20, 2009.
[20] Wang G. et al. : *Soil Biol. Biochem.*, **41**, pp. 423-427, 2009.
[21] Wang G. et al. : *Biol. Fertil. Soils*, **45**, pp. 521-529, 2009.
[22] Watanabe T., Kimura M., Asakawa S. : *Soil Biol. Biochem.*, **38**, pp. 1264-1274, 2006.
[23] Watanabe T., Kimura M., Asakawa S. : *Soil Biol. Biochem.*, **39**, pp. 2877-2887, 2007.
[24] Watanabe T., Kimura M., Asakawa S. : *Soil Biol. Biochem.*, **41**, pp. 276-285, 2009.
[25] Weinbauer M. G.: *FEMS Microbiol. Rev.*, **28**, pp. 127-181, 2004.
[26] Yamazaki M. et al. : *Edaphologia*, **68**, pp. 23-31, 2001.
[27] Yamazaki M. et al. : *Soil Sci. Plant Nutr.*, **49**, pp. 125-135, 2003.
[28] Yamazaki M. et al. : *Edaphologia*, **74**, pp. 1-10, 2004.
[29] 浅川晋：メタン生成に関与する土中微生物，『土の環境圏（岩田進午・喜田大三監修）』, pp.300-307, フジ・テクノシステム, 1997.
[30] 蘭道生・石沢修一：農技研報, **B23**, pp. 147-255, 1972.
[31] 石川裕己ほか：日土肥講演要旨集, **54**, 47, 2008.
[32] 石沢修一・豊田広三：農技研報, **B14**, pp. 203-284, 1964.
[33] 今村泰二：『淡水動物の世界』近代文芸社, 1996.
[34] ウィルキンソン, デイヴィッド：『生物多様な星の作り方：生態学からみた地球システム（金子信博訳）』, 東海大学出版会, 2009.
[35] 牛越淳夫：土と微生物, **15**, pp. 30-38, 1974.
[36] 金沢晋二郎ほか：日土肥誌, **52**, pp. 187-192, 1981.
[37] 金沢晋二郎：水田土壌の生物, 『水田土壌学（山根一郎編）』, pp.233-279, 社団法人農山漁村文化協会, 1982.
[38] 木村眞人：土と微生物, **63**, pp. 64-73, 2009.
[39] 塩田悠賀里：堆肥連用水田の微生物バイオマス, 『土壌のバイオマス：土壌生物の量と代謝（日本土壌肥料学会編）』, pp.141-167, 博友社, 1984.
[40] 塩田悠賀里・長谷川徹・沖村逸夫：土と微生物, **29**, pp. 3-9, 1987.
[41] 重中義信：『原生動物の観察と実験法』, 共立出版, 1988.
[42] 高井康雄：肥料科学, **3**, pp. 17-55, 1980.
[43] 高橋忠夫：土の原生動物, 『新・土の微生物（7）生態的に見た土の原生動物・藻類（日本土壌微生物学会編）』, pp.5-54, 博友社, 2000.
[44] 武田潔・古坂澄石：日農化誌, **44**, pp. 343-348, 1970.
[45] 田中正明：『日本淡水産動植物プランクトン図鑑』, 名古屋大学出版会, 2002.
[46] 早野恒一・渡邊克二・浅川晋：九州農試報, **28**, pp. 139-155, 1995.
[47] 平松雅代ほか：日土肥講演要旨集, **53**, 38, 2007.
[48] 藤田裕子・中原紘之：陸水学雑誌, **60**, pp. 67-76, 1999.
[49] 藤田裕子・中原紘之：陸水学雑誌, **60**, pp. 77-86, 1999.
[50] 水野壽彦：『日本淡水プランクトン図鑑』, 保育社, 1964.
[51] 水野寿彦・高橋永治：『日本淡水動物プランクトン検索図鑑』, 東海大学出版会,

2000.
- [52] 山岸高旺：『淡水産藻類総覧』，内田老鶴圃，2007.
- [53] 山崎真嗣：名古屋大学大学院生命農学研究科博士論文，2002.
- [54] 鷲谷いづみ：『地域と環境が蘇る水田再生』，家の光協会，2006.
- [55] 渡邉健史：名古屋大学大学院生命農学研究科博士論文，2008.

III

生物多様性を自分で観察する知恵

8 生物多様性を自分で観察する知恵

8.1 身近な自然と生物多様性保全

　身近な自然をとりあげる中で，1章では里山の動植物をとりあげた。私たちにとって里山はもはや身近な自然とはいえないかもしれない。里山とよべるような場所で子供が遊んでいるのを見ることはほとんどない。それはそういう場所が少なくなったこともあるが，私たちの生活が里山を維持するような生活からあまりにかけはなれてしまったからにほかならない。

　東京や大阪のような大都市の都心に生活していれば，ほとんど自然に接することはないかもしれない。しかし大都市でも少し郊外にいけば，まだまだ農業地帯はあるし，丘陵地には雑木林も残っている。しかし外見が「里山」に見える場所も，かつての里山とは大きく変容している。茅葺きの屋根はなく，家畜もいないから茅場はない。炭は必要でないから雑木林を伐採することもない。里山とは見た目だけでなく，そうした機能があって初めて里山なのである。それは人が目的をもって管理してきた空間であり，多様な群落を空間的にも時間的にも複合させたきわめて洗練された景観であった。ここでは，この里山の将来について考えてみたい。

　現在の日本社会は，戦後の経済復興という共通の目的をもっていた時代が終わり，新たな共通の目標を持ちにくい時代に突入している。そうした中で中高年を中心に自然を見直す動きが起きている。それは，経済復興を果たした今，身の回りを見回す余裕をもち，あるいは諸外国と比較したときに，自分たちにとっての自然を見直したいという気持ちを持てるようになったからであろう。また，このことは，時代や社会にかかわらず，人間というものは動物や植物に対して本能的に関心をもっているからであり，そのことが可能な社会になった

ということでもあろう．しかし，本書で伝えたいのは，動植物へ関心を持つということのために，必ずしも原生的な自然に出かける必要はないということである．小さな林でも，あるいは空き地でも，そこに生えている植物の名前，すんでいる動物の名前がわかるようになれば見る目が変化し，そこに行くのが楽しみになる．しかも名前がわかれば終わりではない．その植物の花の構造や果実，その花に来るハチの動き，果実を食べて種子散布をする野鳥たち，そうしたことを調べることの楽しさは限りなく深い喜びをもたらしてくれる．

　日本は高温多湿な夏に支えられて実に多様な動植物に恵まれている．しかも南北に長いために北海道の亜寒帯から沖縄の亜熱帯まで幅広い生態系があり，いたるところに海から山までの複雑な地形がある．そのそれぞれの場所で多数の人が動植物のことを調べたら，驚くような発見があるに違いない．私たちは気づかないが，そうした楽しみができる国は世界にもそう多くはなく，日本は世界でも最良の国のひとつなのである．

　もはや日本がかつてのような農業国に戻ることは現実味がないだろう．しかし，大都市の近郊でもまだ残されている豊かな林を，農業だけの目的ではなく，この美しい国土を守るという目的で残すことは価値のあることであろう．しかもその自然は手つかずの原生林ではなく，私たちの先祖が2000年もの時間をかけて形成してきた，人と動植物の調和的関係のあるありふれた自然なのである．失われそうになっている里山的自然も，都市にある小さな緑地も，今ならその気になりさえすれば豊かなまま残すことができる．以下には身近な自然を観察するためのアドバイスを紹介したい．

8.2　動物編

8.2.1　はじめに

　今日，人間の影響をほとんど受けてこなかった「人跡未踏の地」といわれるような「真の自然」は，ヒマラヤなどの高山地帯やアマゾン源流域に拡がる熱帯林，極地方，湿地帯などといった限られた地域でしか見いだすことができない．農業を覚えて以来1万年の間，人間は広大な森林を農耕地や放牧地にどんどん変えてきたからである．地球上の植生景観は森林から草地へと変化し，サハラ地方やシルクロードは砂漠となってしまった．さらに近年では，農耕地が住宅地や工業用地へと転用されつつある．

　日本は地形が急峻で複雑なため，大規模で一様な農耕地を作ることはできな

かった。年間降雨量が比較的多いため，荒地や砂漠にはならないものの，斜面の角度や向きによって，自然環境が異なり，それに対応したさまざまな植物が生い茂っている。その結果として，植生景観は，小さな植物群落がモザイク的に集まったものになってしまった。そして，それぞれの植物群落は，人家や集落，田畑を中心とした人間生活の影響をさまざまな強さで受け，さまざまに変更させられて今日に至っている。このような人間による生物相のかく乱は，本来は生存していなかった動植物を在来の生物相の中に侵入・定着させることとなり，それらの多くを，我々は「身近な自然」と感じるようになってしまった。

家畜や作物を除いた生き物は，人間生活と関係づけると3つに分類することができる。人間がほとんど足を踏み入れないような場所に住んでいる「野生生物」と，人間がなんらかの影響を与えている場所に好んで生息する「人里生物」，人間に直接危害を加えたり，人間生活に必要な動植物（家畜や作物）を摂食したり，それらの成長を抑制したり，危害を加えたりする「害虫（害獣，雑草）」である。我々人間の存在自体が自然をかく乱しているので，この定義によれば，我々の身の回りで見られるほとんどすべての生物は人里生物といえよう。道なき道を踏み分けて高山へと分け入らねば「野生生物」にはお目にかかれず，道ばたに生える草本は「雑草」ではないのである。

農耕地で生活している人里生物は人間の耕作季節に対応した生活史をもっている。5章で述べたように，水田における田植え前の水入れと収穫期前の水落とし（落水）は，ある種のトンボの幼虫の生息場所とはなっても，この水管理に対応しない生活史をもつ種は生存できない。毎年同じ時期にプール掃除を行っていれば，我々の身近で見られるトンボに新しい種はほとんど追加されないのである。

8.2.2 「島」

生き物の住む世界とは，それぞれの生き物が自分勝手に最も住みやすい場所を探して生活しているように見えても，実際は，生物同士の複雑な相互関係に大なり小なり縛られて生活しているといえる。そのような生活空間を小地域（patch）と定義すると，しばしば，それは大洋中の「真の島」と対比されてきた（図8-1）。自分たちは住むことができないが他種は住むことのできる生息場所を大海原とすると，それによって囲まれた小さな生息場所が「住み場所の島（habitat island）」といえるからである。

それぞれの「島」の大きさと，そこに生じる生態学的地位の数は対応してい

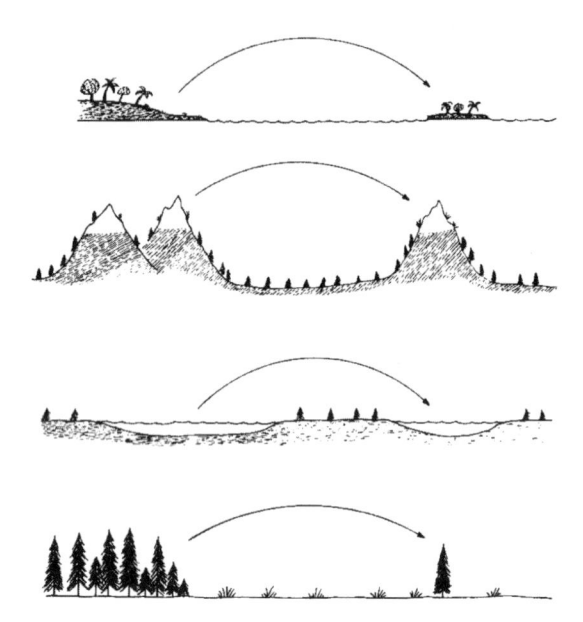

図 8-1 「真の島」と「住み場所の島」のイメージ。大陸と大洋中の島の関係（上）は、山脈の高山地帯と独立峰の山頂（上から 2 番目），湖と池（上から 3 番目），森林の樹冠部と 1 本の高木の梢（上から 4 番目），が対応する。[1] より改変。

る。たとえば，特定の分類群に属する種の数は，「島」の面積の 3 乗根（4 乗根の場合もある）の形で増加するという経験則がある。S を種数，A を島の面積，C を $A=1$ のときの S の値とすると，

$$S = CA^{0.3}$$

すなわち，

$$\log S = \log C + 0.3 \log A$$

である。これを種数 - 面積曲線という。この関係式を利用すれば，未知の「島」に生息している種の数を推定することが可能となる。もちろん，たくさんの仮定を必要とするが。しかし，種数だけで勝負するには限界がある。「たまたま採集できた種（あるいは，できなかった種）」の数によって，生物群集の判断が変わってしまうからである。

　種数だけでなく，それぞれの個体数のデータも得て，種数と関係づけることができれば，種数の多少で単純に生物多様性を判断するよりは，信頼性の高い判断が可能となるだろう。横軸に個体数の多い種から順番に並べ，縦軸に対応

する個体数をとれば，第1位の種（優占種）から順位が下がるにしたがって，個体数はみるみる減っていくのが普通である。この減少する傾きが緩いときは，個体数の少ない種がかなり生息していることを，傾きが急のときは，第1位の種の個体数が多すぎたり，個体数の少ない種があまりいなかったりすることを示す。したがって，前者は群集の多様性が高く，後者は低いことになる。しかし，このような関係は，「島」を小さく考えれば考えるほど，得ることが難しくなってしまう。チョウやトンボなどの飛翔性昆虫では，複数の生態系を股にかけて活動しているために生活範囲を特定しにくいことや，個体数の推定が簡単ではないこと，調査時間帯とすべての種の活動時間帯が一致しないことなど，調査をするために解決しなければならない問題点が多すぎるからである。

8.2.3　K と r

　野外で普通に生活している生物において，その種が本来もっている増加率（内的自然増加率，r_0）を最大限に発揮できる場はほとんどない。なにしろ個体群が限りなく0に等しいときに，この値は理論的に最大となるからである。個体群が限りなく0に等しければ，雌雄はなかなか出会うことができず，子孫を残せないかもしれない。しかし，突然生じた生息地（たった1本の大木の倒壊でも良いし，崖崩れや伐採跡地など）に真っ先に飛来したたった1頭の雌がイヴとなって卵を産下したら，そこから出発した個体群は教科書通りの指数関数的増殖を開始できるであろう。ただし，こんな生息地がいつでもどこにでも生じてくれるわけはない。したがって，このような場所で生活しようとする種にとっては，他種や他個体よりも早くそういう場を見つけるために，たくさんの子孫を周囲に絶えずばらまき続ける必要があった。このように生活史を進化させてきた種を **r-戦略者**，この対極を **K-戦略者** とよぶ（表8-1）。前者は小卵多産（したがって，結果的に多死となる），後者は大卵少産（したがって少死＋仔の保護の発達）の生活史戦略が基本なので，環境が不安定で変動しやすい場所で生活している種には r-戦略者が多いというのが一般則となる。

　r-，K-戦略の概念をトンボに適用すると，前者の生息地はかく乱された場所や植生遷移の初期と考えられるので，不安定な水域でも生息できるのに対し，後者は，植生遷移でいえば後期に当たる「安定した生息地」なので，安定した水域と安定した樹林がなければ生息できない。したがって，都市部にやってくるトンボには r-戦略者が多く，山地帯などの人間生活の影響があまりない場所には K-戦略者が住むことになる。たとえばシオカラトンボ属の場合，シオヤ

表 8-1　r-戦略者と K-戦略者の特徴（[2] より改変）。

	r-戦略者	K-戦略者
生息場所の気候	不規則で大きな変動	安定または周期的変動
生息場所の遷移段階	初期	後期
進化する性質	小さな体	大きな体
	雌に偏る性比	性比は半々
	雌は雄より大きめ	雌は雄より小さめ
	速い成長	遅い成長
	小卵多産	大卵少産
	短命	長命
	子孫へ少量投資	子孫へ大量投資
	スクランブル型種内競争	コンテスト型種内競争
	偶然による定着性が高い	定着性は予測可能
	高い分散力	低い分散力
個体群密度	大きな変動	安定
	密度独立的変動	密度依存的変動
	しばしば大発生	大発生は起こさない

トンボが K-戦略者でシオカラトンボは r-戦略者である。実際，シオカラトンボは広大な水田にも，人家の庭の小さな池にもやってきている。このことは，生活史戦略がある程度解明されている種なら，環境指標になりうることを意味している。

8.2.4　絶　　滅

　景観の多様性が失われ，経済的効率のために里山が軽視されると，人里生物たちの生活空間は狭められてしまう。この結果は「比較的自然が残された地域」と「工業化された人間生活の場」の緩衝帯の役割も果たしていた「里山景観」の動植物の減少を招き，生活史を著しく特殊化させた種から順番に絶滅させていった。

　生活史を特殊化させた K-戦略者は，普通，r-戦略者よりも体は大きく，寿命も長い。このような特徴は，生息環境が少々悪化したとき，子孫をたくさん残せなくとも，自分自身の体だけならなんとか維持できることを意味するので，長い目で見ないと，個体数が減少しているかどうかわからない場合がある。したがって，生息環境の悪化や個体数の減少に気がついたとき，個体群を構成している個体の大部分が老齢となっていたり，繁殖可能な個体が近縁個体ばかりになっていたりすると，個体数の回復は望めなくなってしまう。そうでなくとも，K-戦略者の増加率は r-戦略者より低いのである。

少数の個体から出発して短時間で増殖できる r-戦略者がもつ性質は，生息環境が悪化すれば，直ちにその場を見捨てて分散できるという点で有利である。たとえ分散した子どもの99％が新しい生息地にたどり着けなくとも，残りの1％さえ生き残れば充分に元が取れるからである。したがって，r-戦略者の絶滅とは，移動分散できる潜在的な距離の中に，新たな生息地が存在しない場合といえよう。このような視点に立てば，大都市とは，長距離移動に長けた r-戦略者のみが生きられるように，結果的に人為的な生息地選択の圧力をかけているといえるかもしれない。

8.2.5 帰化と侵入

意図的であろうとなかろうと，人間の移動とともに本来の生息地から新しい場所にやってきて，世代を繰り返し，定着してしまった生物を**帰化生物**という。とくに，先史時代にやってきて定着したと考えられる種は**史前帰化生物**と名付けられ，今では，その多くが，日本のもともとの構成員という顔をして暮らしている。たとえばモンシロチョウの場合，中国大陸のごく一部の場所の個体がアブラナ科作物と一緒に渡来し，その子孫が拡がったらしいことが，DNA解析で明らかにされてきた。

多くの帰化生物は r-戦略者で，かく乱された場所の植生環境が遷移によって変化すると，個体数が減少したり，消滅したりしてしまう。したがって，常にかく乱が続いている都市部や里山では，帰化生物の侵入・定着する確率が高く，結果として，これらの種が在来の種よりも最も身近な生物となってしまうことがある。この性質を利用して，帰化生物を自然環境の指標とする場合もある。たとえば，アオマツムシは，造成後，庭木が根付いた住宅地や公園の樹木には多いが，樹林として安定してくると数を減らしており，また，日本本来の雑木林や社寺林にはめったに生息していない。

人間は自らの分布を拡大する過程で，農耕や牧畜のための栽培植物，家畜の移送など，意図的にさまざまな種を移動させてきた。近年では，船舶や飛行機，鉄道，運河，道路などの発達が地理的障壁の高さを低くしたため，意図しないにもかかわらず，さまざまな種を移動させてしまったようである。この結果，生物進化の常識をはるかに超えた大規模な移動が生じ，さまざまな侵入生物が生み出されてきた。そして，その結果として，侵入生物の害虫化による農作物への被害に始まって，在来の生態系構成種と生態学的地位を巡る競争，遺伝子のかく乱などが挙げられている。後二者の場合は在来種の絶滅を導くことが多く，

種多様性保全の視点からも注意が喚起されるようになってきた。

　日本の侵入種において，チョウの場合，諸外国とは事態がかなり異なっている。四方を海に囲まれているため，海を渡って長距離を飛翔してくる種は限られていた。このような種が何百年も昔から飛来しては定着・絶滅を繰り返していたとはいえ，ほとんどのチョウは害虫でも益虫でもないため，あえて人間が導入したことはなかったはずである。作物にくっついて渡来したのはモンシロチョウをはじめとしてごく少数の種にすぎなかった。海という地理的障壁は高く，これによって日本列島の独特の蝶相は保たれてきたといえる。ところが，近年，ホソオチョウやアカボシゴマダラ（図8-2）など，いくつかの種の生息が日本で「発見」された。それぞれの種における本来の生息地の分布と日本における発見場所の分布，日本列島における寄主植物の分布を検討すれば，これらの種は「特定の人間」が無神経に持ち込んで放蝶したと結論づけざるをえない状況である。本質的にはブラックバスなどの密放流と変わらないが，ブラックバスが湖や河川など内水面の漁業に正と負の経済的影響を与えるのに対して，多くの密放蝶された種の寄主植物は作物ではなく，経済的にも深刻な害が生じないように見えるため，「きれいなチョウ」という理由で存在が受け入れられたり，場所によっては，生息地の保護や増殖という市民運動まで生じさせたりしてしまった。

図 8-2　アカボシゴマダラ（香水敏勝氏提供）。

8.2.6 保護と保全・管理

　かつての「種の保護」という考え方は，絶滅の危機に瀕している種に限定され，とくに日本では「手を触れないこと」が保護であるとして，その種の生活史や生息環境の変動を無視した対策のとられることが多かった．極相に生息している K-戦略者ならば「手を触れないこと」が保護になっても，遷移の途中相に生息している種では，「手を触れないこと」は遷移の進行を招いてその種にとっての生息環境を悪化させてしまい，保護をしたことにはならない．とくに里山景観に生息する種の多くは遷移の途中相を生息場所としているので，里山景観を維持するという「管理」が必須となる．このような視点で，生息環境の保護・保全・管理が考えられるようになったのは最近のことである．さらに，近年，絶滅危惧種や環境指標種のみを保護の対象にせず，いわゆる「普通種」の生息も保全すべきであると考えられるようになってきた．個々の種ではなく群集の視点が重要であることに気がついたからである．自然界における複雑な食物網が解明されればされるほど，どの種も生態系の構成要素のひとつであり，欠かすことはできないことも強調されてきた．したがって，あるひとつの種の生活史を取り出しても，その種を主体とした生態系の考え方から出発せねばならない．たとえばトンボのように水中と陸上の両方を生活場所としている場合，考えねばならない生態系は少なくとも2種類はあるので，「複合生態系」あるいは「景観」という概念が必要となる（図8-3）．

　トンボの成虫は，水田をはじめとするさまざまな場所を飛び回りながら小昆虫を捕らえており，それらの多くが害虫であると思われたため，トンボは益虫

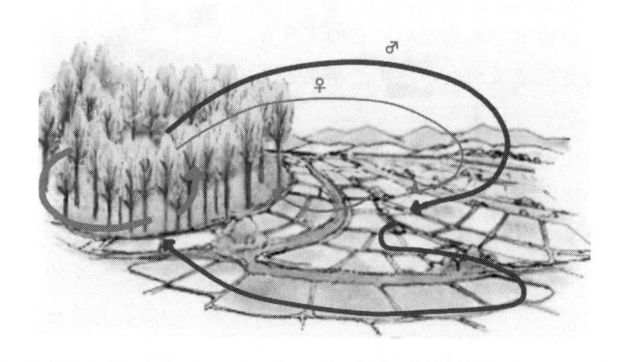

図 8-3　晩夏から秋にかけてのノシメトンボの生活．雌雄は樹林（ギャップ）の中で過ごし，産卵時のみ水田を訪問する（[2]より改変）．

と認識されてきた。確かに，蚊や蝿，ブユなどをトンボの成虫は食べるが，これらの餌すべてが害虫とは限らない。もっとも現在の日本では，これら「見ず知らずの虫たち」は「不快昆虫」と名付けられているので，そのような立場からトンボは益虫という地位を保つことができる。しかし，生態系の中での食う-食われるの関係を思い起こせば，トンボの餌となる小昆虫は，トンボの個体数よりもはるかに多量に存在しなければならないのは自明である。とすれば，益虫のトンボがたくさん生息する場所には，それを上回る数の不快昆虫や害虫がそこに生息していてもらわねばならないのである。トンボ池を作って「自然を呼び戻す」運動が，そこまでの覚悟をもっているようには思えない。

8.2.7 啓　発

　近年，自然環境の保全を求める社会情勢で，全国的に「ビオトープの創生」や「トンボのいる公園作り」などが盛んとなってきた。しかし，これまでに報告されてきた多くの「ビオトープの創生」は，生態学の基礎知識が不足しているためか，主体とした種の生活空間の拡がりや植生環境を量的・質的に考慮してこなかった。高木層のみを植栽して下層植生を無視した「雑木林の創生」が何と多いことか。また，水を溜め，r-戦略者の典型であるウスバキトンボがやってきただけで「トンボ池の成功」と信じてしまったり‥‥。

　あるひとつの地域に生息する生物のうち，「特筆すべき種」や「絶滅危惧種」に関する生活史や個体群動態が明らかにされていることは，特別な場合を除いてはありえない。このような種は，一般に，個体群密度の低いのがふつうなので，愛好家による観察記録はあっても，定量的な調査はほとんど行われていないのである。大学などの研究機関に属する専門家といわれる研究者は，「論文を書くこと」が仕事であるため，このような「調査しにくい生物」を研究対象とすれば，論文生産量が上がらず，結果として，よいポジションを獲得することができなくなってしまうからである。したがって，保全すべき種（＝地域個体群）の生活史の定量的研究はまったく存在しないのが普通で，保全のための根拠や方法の提示では，これまでに明らかにされてきた他種のデータを基にして，推論に推論を重ねた結果を利用せざるをえないのである。

　種の現況把握のための個体群密度の推定に，数学的モデルを使ったり，野外調査から得たデータをさまざまな統計的理論に基づいて有意性を検討しながら解析したりしていることは，一般には理解されていない。これまでに行われてきた自然環境調査の多くは，対象地域内の「適当な場所」で行った昆虫採集の

結果のリストを示すことで，地域の自然環境を記述しようとするものが多かったからである。「サンプリングして全体を推定する」という「野外調査の方法論」が理解されないため，自然保護論者からは「A種が挙げられていないのは調査精度が悪い」というような批判は絶えず生じている。しかし，「サンプリングして全体を推定する」という方法論は，順序正しく説明すれば，生態学的知識がなくとも理解できるはずである。このように考えると，保全生態学の研究者は，可能な限り一般的に理解できる定量的研究方法を流布すべきといえよう。

引用・参考文献

[1] ウィルソン，E. O., ボサート，W. H.（巌俊一・石和貞男訳）:『集団の生物学入門』, 培風館, 1977.
[2] 渡辺守:『昆虫の保全生態学』, 東京大学出版会, 2007.

9 生物群ごとの基本的な多様性調査法

9.1 植物について

植物群落や，その構成の多様性について調査する方法は，目的に応じてさまざまなものが存在する。ここでは，ある限られた空間の中で，どのような植物種がどの程度の量で存在するかという情報と，それに基づいた多様性など群落の特性を知るための方法について紹介する。なお，植生調査方法をさらに詳しく知りたい場合には文献 [1] や [8] を参照していただきたい。

9.1.1 どこを調査地点に選ぶか

私たちの身近に存在している草本植物群落は，その場その場で異質な立地環境条件や，過去から形を変えて加えられてきた人為管理に大きな影響を受けて成立する。ある植物種に好適な環境であったとしても，なんらかの原因で，偶然その場所にその種が存在しない場合もある。こうしたさまざまな要因の結果，植物群落は場所によって異質性に富んだものとなっている。植生調査を行う場合には，まず，調査地全体を見渡し，何タイプか存在する異質な植物群落タイプを，その分布範囲とともに認識することが重要である。群落タイプを決定する際には，優占種の種類や優占度，それから地形，日当たり，水分条件なども加味する。植物群落の周縁部は，ふつう，植生調査対象からは除外して，群落の中央部で植生調査を行う。異なる植物群落の境界部あるいは移行帯を意図的に調査対象とする場合もあるが，そうした場合にも，植物群落の分布状況を正確に把握しておくことが正しい植生調査地点を設置する第一歩となる。

9.1.2 調査枠の大きさと数

調査対象とする植物群落の全体で詳細な調査を行うことは，現実的には難しい。限られた労力で興味対象の植物群落の性状を明らかにするため，植物群落の代表としていくつかの調査枠を設置し，植物群落の特性を把握することになる。まず，枠の面積を決定するためには，調査しようとする群落において種数 - 面積曲線を描き，そこから調査枠の面積と最低限必要な調査枠数を決定する。水田畦畔において実際に描かれた種数 - 面積曲線を図 9-1 に示す。この調査では，水田畦畔が細長い立地であることに鑑みて，縦横 1m の大きさの方形枠を一定の方向に伸ばし測定を行った。この畦畔では，$15m^2$ で確認された種数が，$16m^2$，$17m^2$ と面積を拡大しても増加せず，$15m^2$ で種数が飽和したと判断された（①）。植生調査を行う面積は最小面積とよばれる面積がひとつの目安となる。最小面積とは，調査枠を大きくしていったときに，新たな種の出現が「ほぼ」なくなるときとされる。具体的には，種数面積曲線において，種数が飽和した面積と原点との直線の傾きの直線を描き（②），同様の傾きに相当する種数-面積曲線上の面積（③，④）を最小面積とすることが多い。この例ではおよそ $4m^2$ が最小面積となった。

植生調査を行う際の調査枠面積は，最小面積の $\frac{1}{20} \sim \frac{1}{10}$ がよいとされる。この畦畔では，一辺 60〜70cm の方形枠を 10 か所設置すれば，ほぼ種数が飽和する調査面積を確保できる。なお，実際の調査では，シバなどの低茎草本が優占する群落では一辺 25cm，チガヤなどが優占する群落では一辺 1m，ヨシやセイタカアワダチソウなどの高茎草本が優占する場合には一辺 2m の枠の大きさ

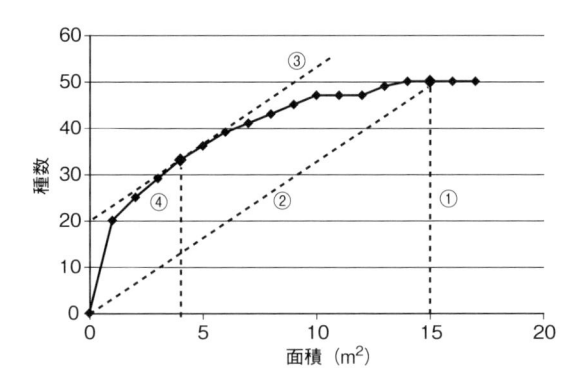

図 9-1 栃木県の水田畦畔において描かれた種数 - 面積曲線（北川・山田，未発表データ）。

を目安に，調査枠の大きさを決定することも多い．

9.1.3 適切な調査位置の選定

　群落内で複数の調査区を設定する方法の代表例はランダムサンプリングとよばれる方法である．植物群落の内部において直交する座標を設定し，乱数を発生させて決定した両座標値の地点で順次調査を行う方法である．一方，ある一定の間隔で調査区を設置していく系統的な調査区設置方法もある．このほか，群落間の環境の推移に応じた植生の変化を連続的に把握したい場合には，環境傾度に沿ってラインを引き，ライン上で連続的，あるいは等間隔で方形区を設置する，ライントランセクト調査も行われる．ランダムサンプリングと系統サンプリングを併用し，調査対象範囲をいくつかのブロックに分割したうえで，それぞれのブロックでランダムサンプリングを行うこともある．

9.1.4 何を調査項目に選ぶか

　植物群落では，量的に多く存在する種（優占種）や，優占種に被圧されてわずかに存在している種などが存在する．群落内の個別の種の存在状況を把握するための群落測度がいくつも知られている．

9.1.5 被　　度

　ある植物の地上における広がり，地上部の地表面に対する投影面積が被度である．これを枠面積に対する百分率であらわしたものが被度百分率である．たとえば，10％以上の被度を持つ種に対しては10％刻み，あるいは5％刻みの被度測定が行われ，被度が10％以下となる低い被度においては，より間隔を狭く，たとえば1％刻みとして測定を行う．

　被度の測定値をもう少し簡便に測定できる尺度として，被度階級が提案されている．多くの方法が提案されているが，Penfoundらが提案したものや，Blaun-Blanquetの方法が有名である．Blaun-Blanquetの方法は，厳密な被度ではなく，個体数も加味していることが特徴である．被度階級による測定は，調査労力をある程度軽減することができるため，個別の種の量的な変異よりも種の入れ替わりが重要な尺度となる，広域調査あるいは環境傾度が大きい条件下での調査の際，有効な調査方法となる．

　被度の測定では，基本的に各個体の外縁部を結んだ範囲の面積を測定するが，叢生して生育する植物の外縁部の範囲や木本植物の葉の透け具合をどのように評価するかは，測定者によって個人差がある．したがって，ひとつの調査対象

Penfound らの被度階級

4：	地表面の 76％から 100％までの被度
3：	地表面の 51％から 75％までの被度
2：	地表面の 26％から 50％までの被度
1：	地表面の 6％から 25％までの被度
1'：	地表面の 1％から 5％までの被度
＋：	地表面の 1％以下を占める

Braun-Blanquet の全測定法

5：	地表面の 76％から 100％までの被度
4：	地表面の 51％から 75％までの被度
3：	地表面の 26％から 50％までの被度
2：	個体数がきわめて多いか，また少なくとも被度が 11％から 25％を占めるもの
1：	個体数は多いが被度が 5％以下，または被度が 10％以下で個体数が少ないもの
＋：	個体数も少なく，被度も少ないもの
r：	きわめてまれに最低被度で出現するもの（rが省略されて，＋にまとめられることも多い）

における被度の測定は一人の測定者が担当することが望ましい。複数の調査者による測定の場合には，調査前あるいは調査後に，同一植生の被度を各調査者がいくつか推定し合い，個人差を補正する必要がある。なお，被度測定の際，枯死した植物体は測定値に含まない。

実際の測定の際には，たとえば，1m 四方の調査枠に，10cm ごとの糸を張って被度を把握しやすくする方法や，調査枠内の分布状況を具体的に記録する方法もあるが，目視による被度の記録も一般的である。調査者にとってわかりやすい単位面積に基づいて被度の測定を行うと便利である。たとえば，筆者は，$1m^2$ の方形区を対象とした調査において，手の甲を基準にそれよりも一回り大きな範囲を 10cm×10cm，すなわち被度 1％として，被度の計測を行っている。

特定の植物種でなく，任意の植物による地上部の被覆率は植被率（vegetation cover）とよばれる。個別の種は，しばしば垂直的に重なり合いながら植物群落を構成しているため，被度の合計は植被率を超えることも多い。

9.1.6 高　さ

各植物の地際から最先端の葉片までの全長を測る方法と，各植物の自然のままの高さを測る方法が存在する。最大の植物高とともに，平均の植物高を測定することもある。

9.1.7 重量あるいは現存量

現存量は原則として 100cm 平方以上の枠で測る。草原では，地際もしくは地上約 3cm の高さで各種ごとに刈り取り，それぞれの重量をただちに測定する。この場合，種類ごとに刈り取って測るほうが，全部刈り取ってから分類して秤量する方法に比べて迅速であり正確である。刈り取りは，ある高さの階層を決めて層別に秤量する。刈り取りが困難な場合には，「被度」×「高さ」から算出される乗算優占度を現存量の代わりに用いることがある。

9.1.8 その他の調査項目

そのほかによく計測される植生指標としては，密度，頻度，群度などが存在する。調査目的によっては，生育個体の活力度や生育ステージ（芽生え，開花，結実など）を記録することも重要である。

9.1.9 野外でのデータの記入の仕方

表 9-1 のように，縦に植物名記入欄，横に調査区番号，各調査区の中に被度，草高などの測定項目を記入した調査票をあらかじめ作成しておくと，出現種の記録漏れを防ぐことができ，調査時間の短縮も図ることができる。一方，枠番号を右に連ねていかずに，単純に調査区ごとに野帳に調査データを順次記載していく場合もある。この方法で記入されたデータをそのままパソコンに入力すれば，エクセルのピボットテーブルによるデータの集計など，データの加工がより容易となるというメリットがある。

表 9-1　調査票

植物名＼枠番号	1		2		3		20	
	被度	高さ	被度	高さ	被度	高さ	被度	高さ

9.1.10 いつ調査を行うか（調査適期と調査頻度）

高頻度のかく乱のもとで成立している植物群落では，春季と秋季で植物相が大きく変化する。また，カヤツリグサ科やイネ科の中には，開花期でないと同定が困難な種も多い。したがって，植物群落の種組成を明らかにするためには，

年間に複数回の植生調査を行う必要がある。かく乱が定期的に実施されている場所では，かく乱の時期に合わせて植生調査時期をあらかじめ想定することができる。たとえば，筆者が水田周辺の刈り取り草地で植生調査を行う場合には，草刈りの時期の直前で植物群落構成種の同定のしやすくなるよう，水田畦畔ならば4月下旬から5月初めの時期と9月上旬ごろに調査を行い，水田周辺の刈り取り草地であれば，5月後半と9月後半に調査を実施している。

9.1.11 植物群落の多様性

生物多様性は遺伝子，種あるいは個体群，生態系，景観などさまざまな階層を考慮して評価する必要があるが，ここでは最も身近でわかりやすい植物群落の種多様性について述べる。

植物群落の属性としての種の豊富さと，構成種がそれぞれどんな割合で育っているかという均等度を併せて評価するのが種多様性である。種の豊富さは調査した枠面積当たりの出現種数が増えるほど，また種間の量的な関係を示す均等度は均質になるほど増大する。

種多様性を測る物差しとして次のShannon and Wiener指数（H'）がよく知られている[2]。

$$H' = -\sum P_i \log_2 P_i$$

ただし，P_iはi種の相対優占度。ここで調査枠内に出現した種ごとの被度と植物高のそれぞれ平均値を乗算して求めた値を合計し，その合計値に占めるi種の乗算値を相対優占度という。種類ごとに測定した重量を相対優占度としてもよい。

対数目盛の縦軸に優占度をとり，横軸に順位をとった優占度-順位関係（図9-2）を作れば種多様性がどのような構造的な特性をもっているか視覚的にとらえることができる。植物個体のサイズにはバラつきが大きいので個体数の代わりに上記の優占度で表示したほうが適切であろう。空地の雑草群落などは直線型（等比級数法則）→ L型（対数級数法則）→ S型（対数正規法則）→ ふたたび直線型という，建設と崩壊の小さい波を繰り返して発達する傾向がある。以上は種多様性の量的な関係をみるものであるが，群落構成種の質的な特徴を知るための物差しである潜在的な植物高の大小とか，帰化植物率を算定すれば当該群落の維持管理に役立てることができる。

9.1 植物について

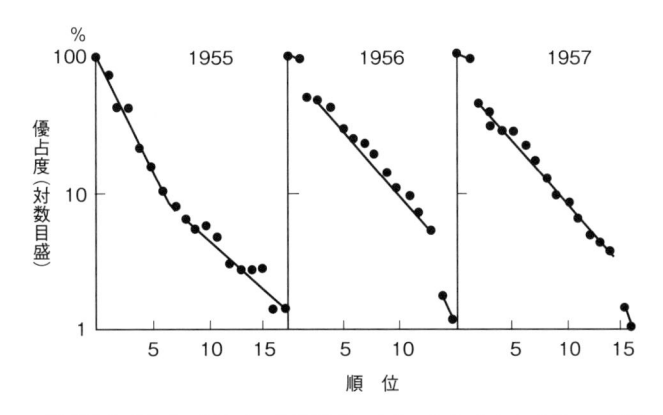

図 9-2 雑草群落形成時の優占度 - 順位関係の変化。初年度は L 字型, 2 年度, 3 年度は S 字型の種類群の分化を示す。左上端, 右下端のはなれているのを加えて S 字型とみる[6]。

9.1.12 群落構成種の特徴を知る

伝統的な農村景観の構成要素となる農道わきの芝生, 畦畔のチガヤ草地, 河川のオギ原などの群落の管理状態を知る方法として, そこに優占する種と, その他の群落構成種の植物図鑑に記載された植物高（草高）の大小関係の比較から表 9-2 に従って**共存指数**（Index of Coexistence:IC）を求めることができる。IC 値がプラスの種は優占種と共存可能なもの, 逆にマイナスの種は競争的であるとする。この IC 値に種ごとの優占度（D）を積算し, 群落ごとに合計したのが**植生状態指数**（Index of Vegetation Condition : IVC）である[9]。

$$IVC = \sum (IC \times D)$$

IVC が正の値を示し大きければ, それだけ安定した群落とみなすことができるであろう。

現在, 日本には 800〜1300 種の帰化植物が生育しているといわれる。ある地

表 9-2 草高の相対的な大小関係に基づく群落構成種の共存指数の判定表

	群落の優占種			共存指数
	シバ	チガヤ	オギ	
群落構成種の潜在自然草高	10cm＞	30cm＞	100cm＞	+1
	10〜20cm	30〜80cm	100〜250cm	0
	21cm〜80cm	81cm＜	木本類および251cm＜	−1
	81cm＜	木本類	—	−2
	木本類	—	—	−3

つる植物は −1 とする。

域に生育する野生植物の種類のうち帰化植物が占める割合を帰化植物率（帰化率）といい，次式によって求めることができる．

$$\frac{帰化植物の種類数}{帰化植物の種類数＋在来植物の種類数}$$

帰化植物率は都会の空地や埋立地などの雑草群落で高く，二次林や植林地では5%以下と低く，自然林ではほとんど帰化植物をみかけない．このように帰化植物率は人間によるかく乱の程度を反映しているから，自然破壊の指標として用いられる．

本書で取り上げた半自然生態系は人間によるかく乱の結果，さまざまな遷移段階にある植物群落を形成している．遷移が進行すれば寿命の長い木本類が増え，逆に退行すると一年草が増えることが経験的によく知られている．そこで植物群落の構成種の生存年限にもとづく**遷移度**（Degree of Succession:DS）という物差しが提唱された[7]．

$$DS = \sum \frac{dl}{nv}$$

ここで

$d =$ 出現種の相対優占度

$l =$ 生存年限，ただし $MM, M = 100, N = 50, Ch, H, G = 10, Th = 1$ とする．
　（MM：大型および中型地上植物，M：小型地上植物，N：微小地上植物，
　Ch：地表植物，H：半地中植物，G：地中植物，Th：一年生植物）

$n =$ 調査面積内に出現した種数

$v =$ 植被率（100%を1とする）

たとえばススキ草原で刈取りを中止すれば，一時的にススキが増えても，やがて木本植物が増加し，DSが増大する．一方，そこで過度の刈取りや放牧を行うとススキの現存量が減少するだけでなく一年生草本が増えDSが減少する．このようにDSは草地の利用管理の状況を反映しているので草地の状態を診断するための指標として有効である．

9.2 微生物について

9.2.1 微生物をどのように認識するか

植物，ほ乳類，昆虫などとは異なり，微生物は肉眼では見えない生物であるため，微生物の調査のためにはなんらかの方法で微生物を認識できるようにす

る工夫が必要である．一般的には，(**1**) 顕微鏡により微生物を拡大して観察する，(**2**) 培地を用いて微生物を培養して細胞の数を増やし，たとえばペトリ皿（シャーレ）の寒天培地上にコロニーとよばれる，肉眼で観察できる大きさの集落を作らせる，(**3**) 微生物の細胞に含まれる核酸や脂質などの成分を分析することにより微生物の存在を確認する，という3つの方法が用いられる[4,5]．

9.2.2 微生物の調査法

(**1**) の方法では，顕微鏡により微生物の細胞が拡大され，細胞の形態や構造，運動性の有無を観察し，それぞれの微生物を計数することができる．7.2節を例にすると，田面水を水田より少量採取して，実体顕微鏡や光学顕微鏡で観察することにより，田面水に生息する藻類，水生植物，ワムシやミジンコなどの水生動物，原生動物などの種類や数を調べることができる．基本的には，形態により分類が可能な微生物の調査に有用な方法である．細菌は，細胞サイズが小さく形態的な特徴が少ないため，顕微鏡観察で種類を知るのは難しいが，細胞の数を数えるのに顕微鏡が用いられる．細菌数の計測は，蛍光色素で染色した細菌細胞を蛍光顕微鏡で観察することによって行うことが多い．また，核酸の配列情報を基にして，あるグループの細菌を選択的に染色して計数することも可能である．

(**2**) の方法では，寒天培地上に生育した微生物のコロニーは一種類の微生物の一細胞が増殖してできたことを前提にすると，コロニーを計数することにより生息していた微生物の数がわかる．また，コロニーから微生物を分離，培養してさまざまな性質を調べることによりその種類がわかる．7.3節を例にすると，土壌を水田より少量採取して，滅菌した水などで適度に希釈して，寒天培地上に撒き，培養後に生じたコロニーを調査することにより，土壌中に生息する細菌や糸状菌などの微生物の数と種類を調べることができる．

(**3**) の方法では，まず微生物から分析対象の核酸や脂質などの成分を抽出し，分析を容易にするため必要に応じて，夾雑物を除いたり，酵素を使った生化学反応により成分量を増やしたりした後，成分の分析を行う．この場合，対象となる成分には，微生物の種類に対応してその化学構造が異なるものが用いられる．核酸は生物の遺伝情報を担っており，なかでも，細胞内でタンパク質を合成するリボソームに含まれる RNA（リボソーム RNA, rRNA）の塩基配列が生物の進化系統を反映した分類に広く用いられる．とくに，細菌と古細菌，すなわち原核生物はリボソーム RNA の塩基配列に基づいた進化系統関係（図

9-3)が分類の基本となっている。細胞膜の構成成分である脂肪酸などの脂質や，エネルギーの生成にかかわる電子伝達系に含まれているキノン類も，微生物の種類によりその構造が異なるため，微生物の調査に用いることができる。

たとえば，7.2節の田面水では，水試料を濾過してフィルター上に集めた微生物細胞より核酸や脂質などを抽出し，7.3節の土壌では，土壌試料から微生物細胞を取り出した後に核酸や脂質などを抽出するか，あるいは土壌そのものから微生物に由来する核酸や脂質などを抽出し，それらの成分の分析により，生息する微生物の種類や量を調べることができる。

9.2.3　環境中の微生物を調べる際の難しさ

実は，実験室で試験管中に増殖している一種類の微生物を調べる場合には，上に述べた3つのどの方法を使っても，微生物数などの調査結果にはさほど大きな違いはないが，土壌などの自然環境中に生息している多種多様な微生物が調べる対象である場合にはさまざまな問題があるため，方法により生息する微生物の種類や数の結果に大きな違いが出る場合がしばしばある。簡単にいえば，自然環境に生息する微生物を相手にする場合，いずれの方法にも利点とともに欠点があり，完全な方法はないのである。

(1)の顕微鏡観察では，比較的サイズの大きな微生物についてはその形態や構造を知ることができるが，上述のように細菌や古細菌については形態からだけでは種類はわからない。また，通常の顕微鏡観察によって計数された細菌・古細菌のすべてが生きていているかどうかは定かではない。一方，(2)の培養では，コロニーから分離して得られた微生物の性質を詳しく明らかにすることができるが，環境中の微生物のごく一部分しか培地上で生育せず，水や土壌では，培地上で生育しコロニーを作る微生物は全体のせいぜい1～10%である。(3)の成分分析では，種類や系統関係はわかるが，実際にそれらの微生物がどのような性質を持ち，どのように生きているかはわからないことが多い。このため，現状では環境中の微生物を調査するには，これらの3つの方法のどれかに偏ることなく，組み合わせて用いて調べ，得られた情報を総合するのが，最もよい方法である。

このような方法に由来する難しさの他にも，土壌のように固形物を含み，複雑な構造性を持つ環境を対象とする場合には，さまざまな生息部位からいかにそれぞれの微生物あるいは細胞中の成分を偏りなく定量的に取り出してくるかという難しさもあるが，ここでは触れない。この他，微生物の「生物多様性」

9.2 微生物について

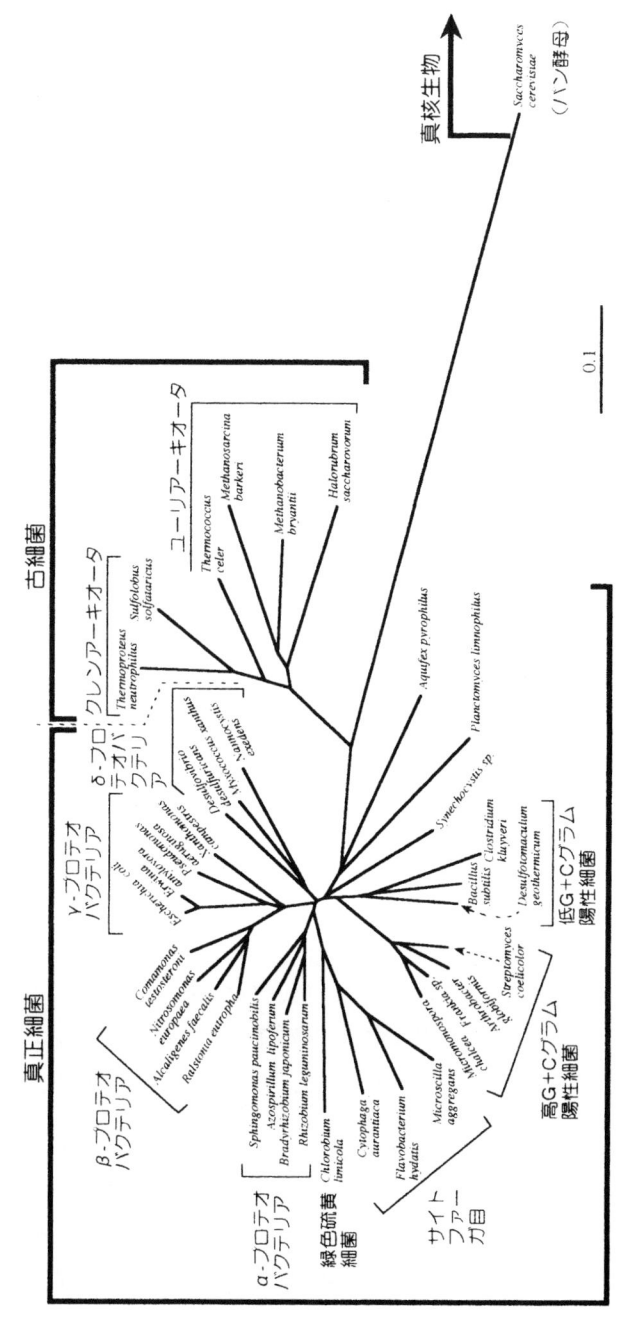

図 9-3 代表的な土の細菌，古細菌の系統樹[3]。

を捉える難しさについては，すでに7.4節に述べたので，参照されたい。

9.3 昆虫について
9.3.1 捕獲の前提

　途方もなく大きなポリ袋を，一様と思われる生息地全体にかぶせて青酸ガスでも注入すれば，そこに生息していたすべての種と個体数を直接数えることはできるであろう。あるいは，24時間，調査者が調査地全体を歩き回って見落としなく数えれば，生息しているすべての種を数えることができるかもしれない。このように，ある特定の場所に住んでいる生き物の数を調べるのに手っ取り早い方法は，とにかく見落としなく全てを数えることである。これを直接法という。確かにこの方法は，一見すると，植物や固着性の動物にとっては有効である。しかしその生息場所が広くなればなるほど，見落としなくすべて数えるためには，手間と労力がかかり，実際的ではなくなってしまう。結果の信頼性にも疑問が生じてくる。そもそも生物の生息場所の境界を明確に割り切って特定できるのは，田畑などの人工的な場所を除いてはほとんどない。したがって，野外の生物の数を調べるには間接法しか手がないといえる。すなわち，一様と思われる生息地の中から，部分的に取り出して，その中の種数や個体数を数えて全体を推定するのである。この方法は，取り出した部分の中は「とにかく見落としなく数える」ことになるため，直接法のひとつといえなくもない。したがって，取り出したそれぞれの部分の中の生き物が，活発に動く動物ではお手上げとなってしまう。しかし，いずれにしても，実際に我々が行える調査とは，適正と思われる場所で，適正と思われる捕獲調査を行って，得られたデータから全体を推定することしかないのである。

　寄主植物上からほとんど動かない植食性昆虫の卵・幼虫期なら，一般に1つの植物群落内で完結するので，間接法を用いることができるかもしれない。さらに，この方法は，数えた個体を殺さずにすむ方法でもある。たとえば，キャベツ畑のモンシロチョウの幼虫を数えるとき，キャベツをいくつか選んで平均幼虫数を計算し，畑全体のキャベツの数を掛け算して個体数を推定すればよい。一様と思われる生息地に一定面積の方形枠をいくつもランダムに配置して，それぞれの中で卵や幼虫を数え，比例配分して全体を推定するのも同じ考えである。あるいは，その生息地にラインないしベルトを引いて面積を測定し，その中にいた個体数から総個体数を計算するのである。これらを**逐次抽出法**という。

この方法は，一様と思われる生息地を実際に目で確かめられる利点があるとはいえ，無意識にさまざまな前提条件をもっている．すなわち，調査対象の生息地では同じような大きさの寄主植物が一様に分布し，調査対象生物はそれらの寄主植物上にランダムに分布していなければならない．しかし，植食性の種によって，卵の産下される部位は寄主植物の新芽や新梢，展開中の葉などと異なるのが普通であり，幼虫の餌として好適な質をもつ葉も寄主植物全体にあるわけではないので，寄主植物が一様に分布していたとしても，卵や幼虫の生息可能な場所は種によって偏っているのが普通である．また，サンプリングはランダムに行われなければならないが，寄主植物が高木であったときなどは，取りやすいところからサンプルしがちなのは人情であろう．サンプリングがその周囲の個体の行動に影響を与えないことも前提である．そもそも，捕獲対象種の間で，捕獲効率に差のないことは必須であろう．短時間の調査であったとしても，この間，どの種も大きな個体数変化はないことが望ましい．したがって，逐次抽出法により昆虫群集の構造を推定することは，特殊な場合を除いては難しいといえる．

野外の開放個体群において，調査中に捕獲できなかったからといって，生息地に不在だったり，たまたま移出していたりしたのではなく，単に見つけられなかったにすぎないという場合は多い．繰り返し捕獲をすれば，満足のいくデータを得られるかもしれないが，そうすると，「調査期間中にどの種の個体数にも大きな変化はない」という前提の崩れる可能性が高くなってくる．また，この方法では，捕獲したすべての個体は，結果として標本とせざるをえないので，野外の生物にできるだけ影響を与えないという目的があるときには適用できない．

縄張りをもつ種の場合，雄は狭い範囲で一日中過ごすのに対し，雌は広い生活空間をもち，日中のほんの一時しか雄の縄張り近くにあらわれない．縄張り制をもたない種でも，雄は定住性が強く，雌は分散しがちという一般則はよく知られている．したがって，飛翔性昆虫の場合，飛翔行動や生活空間の範囲，活動の日周期性などは雌雄で異なるといえ，データ解析の際には注意が必要である．

9.3.2 捕獲技術

飛翔活動中の昆虫の成虫を，傷を付けずに捕獲するには，柔らかい素材で作られた捕虫網を用いる**スウィーピング**が一般的である．昆虫採集に関する各種

の指南書には，成虫の示す飛翔行動に対応して，網をかぶせたり，横に振ったり，後ろ後方からすくい上げたりと，記載されている．それぞれの網の振り方は，成虫の行動特性をうまく利用した採集方法であり，これを援用した捕獲技術は必須である．ただし，1 頭ずつを狙い打ちする昆虫採集ではなく，群集レベルでの採集を行うためには，常に一定の効率で捕獲できるように努力することが必要となる．すなわち，理想的な網の振り方では捕獲できないような場所に静止している成虫でも，なりふり構わずに網を振り回して捕獲しなければならない場合も多い．そのような努力をしても捕獲に失敗する場合もあるのが普通なので，飛翔性昆虫の捕獲では，一定時間に一定の場所において，発見したすべての成虫を捕獲するのが一般的である．

各種のトラップは，捕獲間隔を任意に決定できるとともに，種間での捕獲効率も相対的に一定にすることができる点で，スウィーピングよりも効率のよい場合がある．バナナなどを用いたジャノメチョウ類のベイトトラップ（図 9-4）や，湿らせた土に吸水行動としておびき寄せてアゲハチョウ類やシロチョウ類を捕獲するトラップ，主として蝶類を対象とするライトトラップなど，さまざ

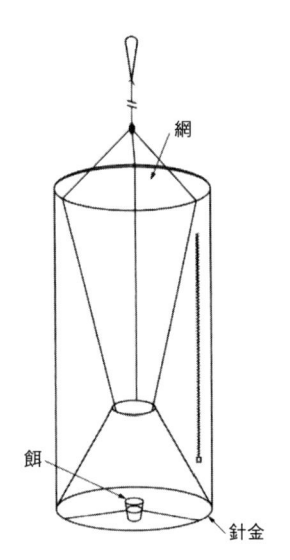

図 9-4　吸汁性蝶類の成虫を捕獲するためのトラップ．バナナなどの餌を置き，吸汁した蝶が真上に飛び立つとトラップの中に入ってしまうように作ってある．普通，蝶は正の走光性をもつので，トラップの入り口まで降りてきて外へ逃げ出すことは滅多にない[10]．

9.3 昆虫について

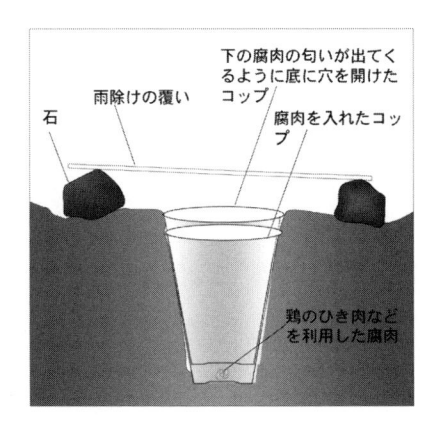

図 9-5 地表徘徊性昆虫を採集するために腐肉を用いたピットフォールトラップ。

まな捕獲方法が考案されてきた。スウィーピングの場合，捕虫網の振り回し方によっては捕獲昆虫を傷つけてしまうが，トラップではこの危険性が低いので，対象とする種群によっては頻繁に用いられている。ピットフォールトラップや，その中に腐肉を置いておびき寄せるトラップ（図9-5）は，地表徘徊性昆虫の研究に多用されてきた。しかし，これらのトラップに集まる昆虫は，いったい，いつ，どの範囲から飛来したかの特定をできないことが多く，得られたデータから生物多様性を検討するときに注意が必要である。

9.3.3 生息空間

飛翔性昆虫の場合，多様な植物群落を股にかけて生活している種が多いので，生息空間を定量的に特定することは行いにくい。そのため，初期の研究では，単一の植物群落で完結できる幼虫期と同様に，1つの植物群落において捕獲を試み，得られたデータで群集構造が研究されてきた。しかし，日本のように植物群落がモザイク的に入り組んで成立している場所では，1つの植物群落は空間的に小さく，特定の植物群落だけで昆虫類の群集構造を研究することは難しい。したがって，人間の眼からではなく，対象とする昆虫群集にとっての生息環境として，複数の植物群落をまとめるという工夫が必要である。たとえば，性的に成熟したトンボの成虫の場合，繁殖行動を示す水域と，休息場所であったり摂食場所であったりする近くの樹林をひとつにまとめることになる。

生き物が物理的空間の中でどのように分布しているかを詳細に解析することは，その地域個体群の構造と機能だけはなく，個体間相互作用や，種間関係す

らも明らかにできる。分布のパターン名として挙げられる一様分布（配列分布）と機会分布（ランダム分布），集中分布とは，その名があらわすとおり，個体間相互作用を推定している。たとえば草地の場合，一様と思われる無機的環境条件や土壌条件の下で，出現した草本の分布構造を解析することで，微小な無機的環境条件の違いも明らかにできるが，個体間の光をめぐる競争の結果や，過去の芽生えの状況，群落の将来像の推定なども可能である。動物の分布パターンの解析も，本質的には植物と同様の方法論をもっている。

9.3.4 種数の推定

一般に，生物群集の種数と個体数の関係は，個体数の多い少数の種とほんの数個体しかいない多くの種から成り立っている。種数-個体数関係の縦軸と横軸を逆に取り，横軸の個体数を対数にすると，総個体数が少ないときはL字型になり，総個体数が増加するとともに，ピークが見えるようになってくる。図9-6は，ライトトラップで捕獲した蛾の種数-個体数関係で，横軸に捕獲した個体数を2の倍数ごとに整理し，2の3乗（＝8）の個体数を捕獲した種数が最も多かったことを示している。すなわち，ここをピークとした切れた対数正規分布となったのである。したがって，さらに調査を繰り返して捕獲個体数を増やせば，ピークはどんどん右へと移動するはずで，左側の隠された部分（さらにまれな種）が見えるようになってくるであろう。この分布を積分すれば，全体の種数を推定できる。

飛翔性昆虫の場合，移動力が大きいので，単純なスウィーピングを行うだけでは，出現したすべての種とその個体数の関係を把握することは難しい。また，種によって活動時間帯も異なっており，生息種数の推定のための調査を行うに

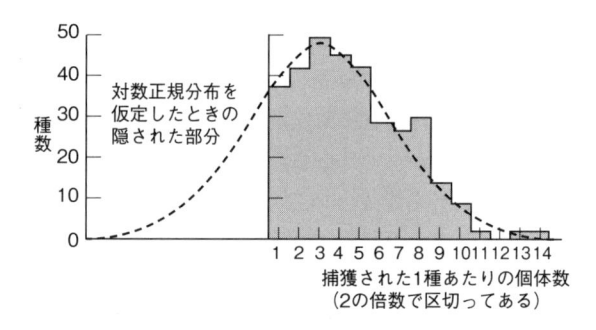

図9-6 オクターブ法でまとめたライトトラップで捕獲した蛾の個体数と種数の関係 [10] より改変）。

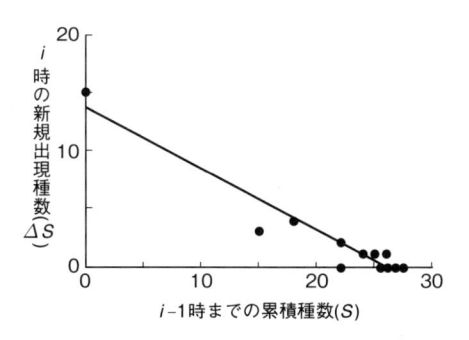

図 9-7 ダラーン（ネパール）の二次植生に生息していた蝶類の種数の推定。回帰直線は $\Delta S = 13.52 - 0.52S$, $r^2 = 0.93$, $P < 0.001$ で, S_∞ は 25.8 となる（[10] より改変）。

は，さまざまな困難が立ちはだかっている。しかし，一様な環境で比較的安定している群集の場合，コツコツと調査を繰り返すことで，調査回ごとに付け加えられるべき新しい種は少なくなり，ある一定の上限をもつであろうことが経験的に知られてきている。

一例を図 9-7 に示す。ここでは，調査日が i から $i + \Delta i$ になったとき，発見された種数 S は $S + \Delta S$ になり，このとき，S と ΔS は直線関係になるので，回帰直線の S 軸との交点（S_∞）をその地区に生息する全種数と推定するのである。ただし，この方法は，野外の実情とは合わない前提条件があることに注意が必要である。すなわち，(1) S_∞ の数だけ種が存在しているという決定論モデル，(2) どの種も同じ個体数で存在しているという非現実性，(3) どの種の個体もすべてランダムに分布しているという非現実性，である。また，S_∞ は過小推定になりやすい。

引用・参考文献

[1] Mueller-Dombois, D. Ellenberg, H. "Aims and methods of vegetation ecology", Wiley, 1974.
[2] Pielou,E.C. : J. of Theoretical Biology, **13**, pp.131-144, 1966.
[3] 太田寛行：土の細菌の活性と類別・分類，日本土壌微生物学会編，『新・土の微生物 (5) 系統分類から見た土の細菌』, pp.6-47, 博友社，2000.
[4] 土壌微生物研究会編：『新編土壌微生物実験法』, 養賢堂，1992.
[5] 中村和憲・関口勇地：『微生物相解析技術：目に見えない物生物を遺伝子で解析する』, 半田出版，2009.
[6] 沼田真・鈴木啓祐：日生態会誌, **8**, pp.68-75, 1958.

[7] 沼田真：生物科学, **13** (4), pp.146-152, 1961.
[8] 沼田真編：『草地調査法ハンドブック』東京大学出版会, 1978.
[9] 根本正之・大塚広夫：雑草研究, **49** (3), pp.184-192, 2004.
[10] 渡辺守：『昆虫の保全生態学』, 東京大学出版会, 2007

索　引

欧　文

α多様性　54
ALS 阻害剤　88
Al イオン　134
Al 毒性　135
ancient woodland species　56
APG 体系　75
β多様性　54
BOD　107
Braun-Blanquet の全測定法　192
COD　107
γ多様性　54
genet　42
K-戦略者　181
Penfound らの被度階級　192
RNA　165
rRNA　197
r-戦略者　128, 181
Shannon and Wiener 指数（H'）　194
Strategy I　135
Strategy II　135
Streptomyces　164

和　文

あ　行

アオハダトンボ　110
アオマツムシ　183
アオモンイトトンボ　123
アカネ属　103
アカボシゴマダラ　184
アキアカネ　110
空地　32
秋津州　103
蜻蛉州　103
秋の七草　15
アジアイトトンボ　125
アセト乳酸合成酵素（ALS）　88
アポミクト　80
アメイロトンボ　125
アメリカタカサブロウ　75
安定性　169
アンブレラ種　9
アンモニア酸化細菌　167

生育型戦術　41
石垣　29
遺存種　53
一次生産者　131
一次代謝物　131
逸出帰化植物　78
遺伝子　165
遺伝的多様性　54, 80, 90
遺伝的浮動　81
稲わら　167
稲わら堆肥　167

イヌタヌキモ　75
イヌビエ　75
イヌホタルイ　75
イネ　77

ウイルス　151, 156
植ます　30
ウスバキトンボ　119
内的自然増加率　128, 181
ウミアメンボ　125

栄養共生　161
栄養段階　9
液果　22
塩基配列　165
エンドファイト　46

オオアオイトトンボ　123
大型多年草　36
オオキトンボ　123
オオシオカラトンボ　115
奥山　50
オサムシ類　146
オモダカ　77

か 行

害虫（害獣，雑草）　179
開放花　92
開放個体群　201
化学合成生物　160
化学肥料　167
核酸　165
かく乱　27, 39, 57, 69
　──依存種　43
河口域　125
下層土　168
滑空飛翔　119
学校プール　122
カヤネズミ　16
茅場　11, 13
刈り株　168

カワトンボ　113
環境　149
還元　160
　──層　168
間接法　200
乾田　80

帰化植物　43
帰化生物　183
気菌糸　164
寄主植物　132
疑似レック制　111
汽水　125
擬態　76
機能　171
キノコ　150
キノン種　165
ギャップ　112, 117
休耕田　59, 79
休眠性　69
共存指数（Index of Coexistence:IC）　195
極強酸性土壌　134
極相　13, 50
　──林　50
菌群構成　167
均翅亜目　111
均等度　194
ギンヤンマ　120
近縁野生種　96

空間のサイズ　38
クモ類　146
グリホサート　85, 95
クログワイ　77
群落　4

景観　107
蛍光顕微鏡　197
蛍光色素　197
計数　197
珪藻　152

索　引

形態　197	里山　7, 50, 114
系統遺伝　165	酸化　160
堅果　23	——還元電位　160
原核生物　151	——層　165
嫌気呼吸　160	——的　162
嫌気性細菌　162	残根　168
嫌気分解過程　161	サンショウモ　74
原生自然　7	酸性土壌　134
原生動物　150, 154	酸性硫酸塩土壌　137
顕微鏡　150	酸素呼吸　160
	散布様式　29
光学顕微鏡　197	三面張り　127
好気性細菌　162	
抗菌力　164	シアノバクテリア（藍藻）　151
高速道路　36	シオカラトンボ　114
耕地雑草　69	シオヤトンボ　114
行動圏　19	自家和合性　81
酵母　150	脂質　165
広葉型群落　37	糸状菌（かび）　150
古細菌　151	自殖　80
コシアキトンボ　128	止水　105
コナギ　76, 91	史前帰化植物　74
コノシメトンボ　119	史前帰化生物　183
コピス　55	自然突然変異　91, 96
コロニー　197	持続性　149
根圏　168	実体顕微鏡　197
根面　168	湿地生態系　150
根粒　15	湿田　80
	シバ群落　4
さ　行	指標生物　144, 146, 147
細菌　150	脂肪体　110
——相　168	斜面地　35
最小面積　190	重力散布型　29
サイズ依存性　105	種間関係　106
細胞構成成分　165	種数 - 個体数関係　204
錯体　135	種数 - 面積曲線　180, 190
作土　159	出現種数　28
作物 - 雑草複合　96	樹洞　21
雑種形成　96	樹林 - 池沼複合生態系　113
雑草　69	種類　169
——イネ　77	漿果　22

硝化細菌　162
硝酸還元菌　161
ショウジョウトンボ　123
小卵多産　181
初期緑化　36
植食者　132
植食性昆虫　144
食性　144
植生管理　50
植生状態指数（Index of Vegetation Condition : IVC）　195
植生遷移　5
植生調査　189
植被率　30
植物遺体　168
植物群落の種多様性　194
植物組織内産卵　120
植物必須元素　133
食物網　106
食物連鎖　150, 155
処女飛翔（maiden flight）　110
除草回避戦略　69
除草剤　79, 83
除草剤耐性（抵抗性）作物　95
除草剤抵抗性　84, 87
除草剤抵抗性集団　90
代掻き　159
人為的かく乱　70
真核生物　151
進化系統関係　197
陣地拡大型戦術　42
陣地強化‐拡大型戦術　42
陣地強化型戦術　41
浸透水　168

水質汚濁　107
水質の評価基準　107
水生生物　150
水中植物　107
水田　149
　――雑草　71
　――生態系　150
　――土壌　159
　――表面水（田面水）　151
スウィーピング　201
裾刈り草地　63, 142, 143
スポーツ・レクリエーション施設跡地　33
住み場所の島（habitat island）　179
スルホニルウレア系除草剤（SU剤）　88

生活様式　169
生産性　149
精子置換　111
精子間競争　111
成熟期（繁殖期）　111
生息部位　168
生物指標　107
蜻蛉目　105
石灰岩　137
節足動物相　144
絶滅危惧種　79, 186
遷移　5
　――度（Degree of Succession:DS）　196
染色　197
選択性除草剤　84

相観　59
草冠　40
雑木林　114
草原植生　142
相互作用　171
創始者効果　90
早熟性　69
ゾウムシ類　145
藻類　150, 152

た　行

体温調節機構　114
代謝活性　167
対数級数法則　194
対数正規分布　204

索　引

対数正規法則　194
体内解毒機構　135
タイヌビエ　75, 76, 82
堆肥　11
　——化過程　168
大卵少産　181
タイリクアカネ　128
タカサブロウ　75
多自然型川作り　127
他殖　80
打水産卵　120
脱窒菌　161
棚田　10
タヌキモ　75
田畑共通雑草　78
田畑輪換　78
多様性　169
湛水　149

チガヤ型群落　37
逐次還元過程　160
逐次抽出法　200
窒素固定能　45
中央分離帯　30
中規模かく乱説　60
抽水植物　107
沖積地　10
中程度かく乱仮説　39
長距離移動　117, 183
調査区設置方法　191
調査適期　193
調査票　193
調査頻度　193
調査枠　190
調査枠面積　190
チョウ類　145
直接法　200

通性嫌気性　163
使い分け戦術　42
ツルマメ　96

低木層　11
堤防法面　36
適応度　87
鉄還元菌　161
鉄吸収メカニズム　135
鉄欠乏　135
鉄道敷　35
電柵　24
デンジソウ　79
天然記念物　8

踏圧　34
同花受粉　92, 94
橙色翅型　113
等比級数法則　194
透明翅型　113
都市化　31
土壌　149
　——pH　134
　——生成因子　136, 140
　——分類体系　137
　——要因　133
豊葦原瑞穂の国　103
トンボ池　186

な　行

中干し　162
ナガミヒナゲシ　44
ナツアカネ　119
夏型一年草　31
ナッツ　23
縄張り制　111

二次遷移　59
二次代謝物　131
二次林　50
日本土壌図　140
二毛作　166

猫背モデル　39

211

ノボロギク　84
法面　27, 35

は　行

パーチャー　111
バイオフィリア　7
バイオマス　167
排除機構　135
培地　197
培養　197
萩山　15
バクテリオファージ　157
ハタネズミ　17
発酵　160
バッタ類　145
ハラビロトンボ　123
ハルジオン　85
春植物　52
半自然　28

微小甲殻類　154
微生物　149
　——相　166
非選択性除草剤　95
ピットフォールトラップ　203
被度　191
人里生物　179
ヒヌマイトトンボ　110, 125
ヒメアカネ　117
びん首効果　81, 86, 91

プール掃除　123
不快昆虫　186
不均翅亜目　112
複合生態系　107
複合抵抗性　88
普通種　185
物質循環　14, 150
冬型一年草　31
浮葉植物　107
腐葉土　11

フライヤー　111
ブラックバス　184
プレートテクトニクス理論　136
分子生物学的手法　155
糞食　18
分離　197
分類群　165

閉鎖花　92
ベイトトラップ　202
ヘッジロー　56
ベリー　22
偏性嫌気性　163

萌芽　13
　——更新　51
胞子態　163
放線菌　162
ボウムギ　96
圃場整備　80
捕食性昆虫　144
ホソオチョウ　184
ホソミオツネントンボ　111
ホタルイ　75
ボトルネック効果　81
匍匐性　4
ボランティア植物　95

ま　行

埋土種子集団　38, 91
マンガン還元菌　161

ミズニラ　79
未成熟期（前繁殖期）　107
ミヤジマトンボ　125
ミヤマアカネ　110, 117

ムギネ酸類　135
無酸素　159

メタン酸化細菌　167

索　引

メタン生成古細菌　　161

モートンイトトンボ　　125
門（phylum）　　165
モンシロチョウ　　183

や　行

野生生物　　179
谷津　　10, 61
谷津田　　61, 141, 143
谷戸　　10
谷戸水田　　114

有機物　　161
優占種　　11, 32, 181

葉層　　41
陽斑点　　112

ら　行

ライトトラップ　　202
落水　　162
卵越冬　　117
乱婚制　　111

リボソーム　　165
硫酸還元菌　　161
流水　　105
緑藻　　152
緑地土壌　　141
緑虫藻　　152
緑肥　　11
林冠　　6, 15
リン脂質脂肪酸　　165
林床　　12, 52
林分　　54
林縁　　22

レッドデータブック　　79
レッドリスト　　79
レフュージア（避難地）　　79
連結態　　119
連結打空産卵　　120
連結打泥産卵　　120
連用　　168

わ　行

ワムシ類　　154

編著者略歴

根 本 正 之
　ね　もと　まさ　ゆき

1972年　千葉大学理学部生物学科卒業
1978年　東北大学大学院農学研究科農学
　　　　専攻博士課程修了（農学博士）
1988年　農林水産省農業環境技術研究所
　　　　環境生物部植生管理科保全植生
　　　　研究室長
現　在　東京農業大学地域環境科学部
　　　　教授

主な著書

Biology and ecology of weeds
　　　　　　（共著，Dr. W. Junk，1982）
環境保全型農業事典（編著，丸善，2005）
雑草生態学（編著，朝倉書店，2006）
砂漠化ってなんだろう
　　　　　　（単著，岩波書店，2007）
日本らしい自然と多様性
　　　　　　（単著，岩波書店，2010）

Ⓒ　根 本 正 之　2010

2010年9月30日　初 版 発 行

身近な自然の保全生態学
生物の多様性を知る

編著者　根 本 正 之
発行者　山 本　　格
発行所　株式会社　培 風 館
東京都千代田区九段南4-3-12・郵便番号 102-8260
電話(03)3262-5256(代表)・振替 00140-7-44725

中央印刷・牧 製本
PRINTED IN JAPAN

ISBN978-4-563-07810-2　C3045